工业和信息化普通高等教育"十二五"规划教材立项项目

21世纪高等学校计算机规划教材

21st Century University Planned Textbooks of Computer Science

大学计算机基础实践教程（第3版）

Experiments on Fundamentals of University Computer (3rd Edition)

姜文波 主编

杨秋黎 副主编

高校系列

人民邮电出版社

北 京

图书在版编目（CIP）数据

大学计算机基础实践教程 / 姜文波主编. -- 3版
. -- 北京：人民邮电出版社，2012.9（2013.7 重印）
21世纪高等学校计算机规划教材
ISBN 978-7-115-28658-1

Ⅰ. ①大… Ⅱ. ①姜… Ⅲ. ①电子计算机－高等学校
－教材 Ⅳ. ①TP3

中国版本图书馆CIP数据核字(2012)第209423号

内 容 提 要

　　本书是《大学计算机基础（第 3 版）》（姜文波主编）一书的配套教材，以 Windows XP+Office 2003 作为教学平台。内容包括 Windows XP 操作系统、Word 2003 文字处理、Excel 2003 电子表格、PowerPoint 2003 演示文稿、Dreamweaver 网页设计以及三套具有代表性的综合操作试题；本书还以选择题的形式给出了自测练习题及参考答案。本书根据教学基本要求安排实验，每个实验都有详细的实验步骤，引导学生快速掌握计算机的基础知识和基本操作。

　　本书实验案例丰富，实用性、可操作性强，适合作为高校本科、高职高专"大学计算机基础"课程的上机指导书。

21 世纪高等学校计算机规划教材

大学计算机基础实践教程（第 3 版）

◆ 主　　编　姜文波

　　副 主 编　杨秋黎

　　责任编辑　邹文波

◆ 人民邮电出版社出版发行　　北京市崇文区夕照寺街 14 号
　邮编　100061　　电子邮件　315@ptpress.com.cn
　网址　http://www.ptpress.com.cn
　三河市海波印务有限公司印刷

◆ 开本：787×1092　1/16
　印张：9　　　　　　　　　　　　　2012 年 9 月第 3 版
　字数：228 千字　　　　　　　　　2013 年 7 月河北第 2 次印刷

ISBN 978-7-115-28658-1
定价：19.00 元

读者服务热线：**(010)67170985**　印装质量热线：**(010)67129223**
反盗版热线：**(010)67171154**
广告经营许可证：京崇工商广字第 **0021** 号

大学计算机基础实践教程（第3版）
编 委 会

主　任：姜文波

副主任：杨秋黎

委　员：龙　军　李心颖　占永宁　孙玉轩　肖祥省

　　　　耿　强　张艳钗　孙　雷　张金辉　夏木兰

本书执行主编：姜文波

副主编：杨秋黎

编　者：张金辉　王　倩　孙　雷　邱天爽

第 3 版前言

　　"大学计算机基础"课程是全国高校计算机基础教育的主要科目之一，其教学目的是提高学生应用计算机的能力。实践是计算机教学中的一个重要环节，提高实验教学的质量是培养学生计算机基本操作能力和综合应用能力的重要途径。以此为出发点，编者在多年教学实践的基础上，参考各类计算机水平考试的大纲和题型编写了本书。

　　本书是与《大学计算机基础（第 3 版）》（姜文波主编）教材配套的实验教材，与主教结构基本对应，按照主教材各章对技能的要求进行设计；同时，本书的结构和内容也自成体系，可以单独使用。全书分为两大部分。第 1 部分为实验指导部分，内容包括 Windows XP、Word 2003、Excel 2003、PowerPoint 2003、Dreamweaver 8 等共 5 章的实验操作，每章由几个单独实验和一个综合实验组成；第 2 部分为自测题部分，内容包括三套综合操作试题，以及配合理论教材的选择题（附答案）。

　　本书在实验环节的设计上，以实用性、可操作性为原则，尽可能将理论知识点融合贯通。每个实验都是一项具体的任务，对应一个或多个教学知识点。学生在实验前通过"实验目的"和"实验内容"明确自己的操作任务后，可在"实验步骤"的帮助下自行完成整个实验。此外，书中还有"提示"和"注意"，用以补充说明操作步骤，提示操作中应注意的问题，避免发生错误，并总结各种操作技巧，引导学生深入学习。使用本实验教材进行操作训练，不仅能够巩固课堂知识，而且能够举一反三，使学生的知识和能力得到进一步的拓展和提高。

　　本书编排合理，图文并茂，实验步骤详细，易学易懂，能够引导学生独立地上机操作，力求使学生边学边做边理解，较快地掌握计算机的基本应用。

　　由于编者水平有限，书中难免存在错误和不妥之处，敬请广大读者批评指正。

编　者

2012 年 8 月

目 录

第1章
"Windows XP 操作系统"实验

实验一 Windows XP 基本操作

一、实验目的

1. 熟悉 Windows XP 的桌面、图标、窗口等组成元素。
2. 掌握 Windows XP 的基本操作。

二、实验内容

1. Windows XP 的启动和退出。
2. 鼠标、窗口、菜单、工具栏、对话框、任务栏的基本操作。
3. 文字输入练习。

三、实验步骤

1. Windows XP 的启动和退出

（1）启动。先按下显示器电源开关，给显示器通电，此时显示器指示灯亮；再开主机电源开关，给主机加电，此时主机箱面板上电源指示灯亮，计算机自动进行自检和初始化，无误后开始启动 Windows XP，系统自动装载后显示 Windows XP 桌面，如图 1-1 所示。

（2）关机。首先关闭所有正在运行的应用程序。然后单击"开始"按钮，选择"关机"选项，弹出如图 1-2 所示的"关闭计算机"对话框，选择"关闭"选项，最后单击"确定"按钮即可关闭计算机。关机后，主机电源被自动切断，最后按下显示器电源开关，关闭显示器。

（3）注销。重新开机登录 Windows XP 系统，再次单击"开始"按钮，选择"注销"选项，在弹出的"注销 Windows"对话框中单击"注销"按钮，屏幕将注销当前用户的登录，重新进入 Windows XP 登录界面，此时可输入另

图 1-1 Windows XP 桌面

外的用户账号信息登录系统。

 　　　　Windows XP 是多用户操作系统，且每个用户都可以有不同的设置。注销可以让当前用户退出系统，让其他用户使用。

2. 练习鼠标操作

（1）指向"我的电脑"图标。

（2）单击"我的电脑"图标。

（3）单击鼠标右键：在"我的电脑"图标上单击鼠标右键打开快捷菜单。

（4）双击"我的电脑"图标，打开"我的电脑"窗口。

（5）拖曳：将鼠标指向某一对象，如"我的电脑"图标，按住鼠标左键不放移动至某个位置后，释放鼠标左键，"我的电脑"图标移动到桌面的新位置，如图 1-3 所示。

图 1-2 　"关闭计算机"对话框

图 1-3 　拖曳"我的电脑"图标

3. 窗口的基本操作

（1）打开窗口。

方法一：在桌面上双击"我的电脑"图标，可打开"我的电脑"窗口。

方法二：在"我的电脑"图标上单击鼠标右键，在弹出的快捷菜单中选择"打开"命令，也可打开"我的电脑"窗口。

（2）观察窗口组成。打开的"我的电脑"窗口如图 1-4 所示，参照课本仔细观察和识别窗口的基本组成。

（3）最大化和恢复窗口。

① 在窗口标题栏的右上角依次排列有"最小化"、

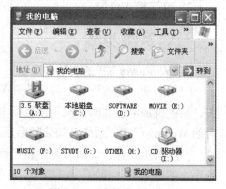

图 1-4 　"我的电脑"窗口

"最大化（或"还原"）"、"关闭"按钮 ▬◻✕。单击"最大化"按钮 ◻，可以使窗口充满整个屏幕，同时"最大化"按钮变成"还原"按钮 ▣。

② 单击"还原"按钮 ▣，可使窗口恢复为原来的大小，同时"还原"按钮变成"最大化"按钮。

（4）最小化窗口。单击"最小化"按钮 ▬，窗口缩小成任务栏按钮，显示在任务栏上 我的电脑 。在任务栏上，显示着所有打开的窗口的任务按钮。

（5）移动窗口位置。当窗口处于非最大化状态时，将鼠标指针对准窗口的"标题栏"，按下左键不放，移动鼠标（此时屏幕上会出现一个虚线框）到所需要的地方，松开鼠标左键，窗口被移动，如图 1-5 所示。

（6）改变窗口大小。

① 当窗口处于非最大化状态时，将鼠标指针指向窗口上、下、左、右 4 个边框的任一条边框上，鼠标指针变为双向箭头时，按住鼠标左键拖动，则窗口大小随之调整，至所需高度或宽度时可释放鼠标。

在左（右）边框上拖曳鼠标，改变的是窗口的宽度。

在上（下）边框上拖曳鼠标，改变的是窗口的高度。

② 当窗口处于非最大化状态时，将鼠标指针指向窗口四角上的任一个角，鼠标指针变为斜向的双向箭头时，按住鼠标左键沿对角线方向拖动，则窗口在保持宽和高比例不变的情况下，大小随之调整，如图 1-6 所示。

图 1-5 移动窗口位置

图 1-6 改变窗口大小

（7）滚动窗口。将鼠标指针移动到窗口滚动条的滚动块上，按住左键拖动滚动块，即可滚动显示窗口中内容。另外，单击滚动条上的上箭头或下箭头，可以上滚或下滚窗口内容。

（8）切换窗口。

① 双击打开"我的电脑"窗口；再打开桌面上"我的文档"窗口，该窗口为当前窗口，此时，"我的电脑"和"我的文档"两个窗口按钮都显示在任务栏上。如图 1-7 所示。

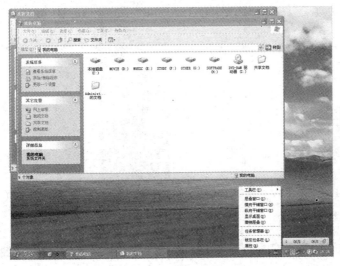

图 1-7 层叠窗口

② 单击任务栏上"我的电脑"窗口按钮，则"我的电脑"窗口成为当前窗口。再单击任务栏上"我的文档"窗口按钮，则"我的文档"窗口又成为当前窗口。

提示　　　除上述方法外，按快捷键 Alt+Esc 或 Alt+Tab，或单击各窗口显露处，同样能在"我的电脑"和"我的文档"窗口之间进行切换。

（9）排列窗口。同时打开"我的电脑"和"我的文档"窗口，在任务栏区域单击鼠标右键，打开任务栏快捷菜单，如图 1-7 所示。分别单击"层叠窗口"（见图 1-7）、"横向平铺窗口"（见图 1-8）、"纵向平铺窗口"（见图 1-9）、"显示桌面"各项，注意观察窗口排列方式的变化。

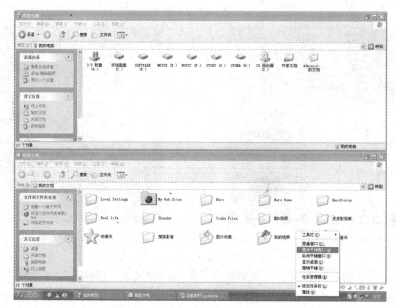

图 1-8　横向平铺窗口

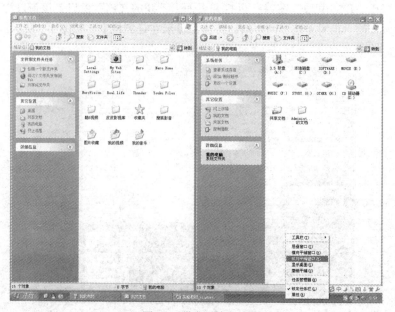

图 1-9　纵向平铺窗口

（10）关闭窗口。单击"我的电脑"窗口右上角的关闭按钮 ，关闭"我的电脑"窗口。

> 除上述方法外，还可以通过单击"文件"菜单中的"关闭"命令；或单击"我的电脑"窗口左上角（窗口标题栏左端）的控制菜单图标，在弹出的控制菜单中选择"关闭"；或按 Alt+F4 组合键关闭窗口。

4. 菜单的基本操作

（1）打开"开始"菜单。用鼠标单击桌面左下角的"开始"按钮，打开"开始"菜单。

（2）打开命令菜单。以"我的电脑"窗口为例，使用鼠标或键盘打开命令菜单，执行菜单命令。

双击"我的电脑"图标，打开"我的电脑"窗口，单击菜单栏中的任意菜单项，将出现其下拉菜单，移动鼠标到要执行的命令项上单击该命令即可。例如，选择"查看/排列图标/按大小"命令，如图 1-10 所示。

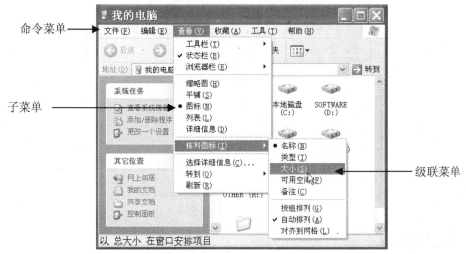

图 1-10　打开命令菜单

（3）取消菜单。打开菜单后，如果不想从菜单中选择命令或选项，就用鼠标单击菜单以外的任何地方或按 Esc 键取消菜单。

5. 工具栏的基本操作

（1）显示或隐藏工具栏。

① 隐藏工具栏：打开"我的电脑"窗口，选择"查看/工具栏/标准按钮"菜单命令，则在窗口上方的"标准按钮"工具栏隐藏，此时在"标准按钮"选项旁的对勾取消，如图 1-11 所示。

② 显示工具栏：再次选择"查看/工具栏/标准按钮"菜单命令，"标准按钮"工具栏显示在窗口上方，且此时在"标准按钮"选项旁出现对勾，如图 1-12 所示。

（2）工具栏按钮。选择"标准按钮"工具栏中的"查看"按钮，分别改变窗口中图标的显示方式：缩略图、平铺、图标、列表和详细资料，并观察效果，如图 1-13 所示。

> 工具栏上的按钮在菜单中都有对应的命令，如"查看"按钮的"详细信息"选项对应"查看"菜单中的"详细资料"选项。

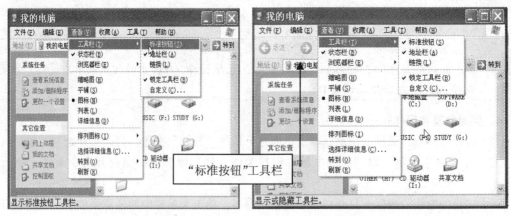

图 1-11　隐藏工具栏　　　　　　　　　　　　图 1-12　显示工具栏

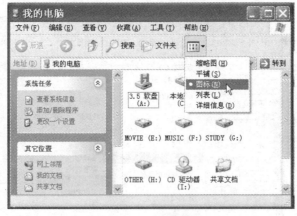

图 1-13　工具栏按钮

6. 对话框基本操作

（1）打开"我的电脑"窗口，选择"工具/文件夹选项…"菜单命令，观察弹出的"文件夹选项"对话框组成，如图 1-14 所示。

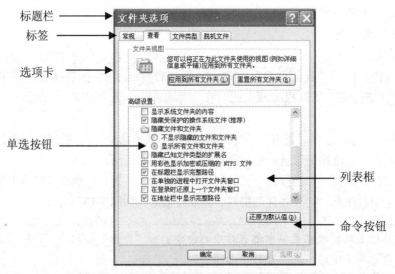

图 1-14　"文件夹选项"对话框

（2）单击"查看"标签，在"高级设置"列表框中，勾选"在我的电脑上显示控制面板"复选框，单击"确定"按钮，则"控制面板"图标在"我的电脑"窗口中显示。

一般当某一菜单命令后有省略号（…）时，就表示 Windows 为执行菜单命令需要询问用户，询问的方式就是通过对话框来提问。

7. 任务栏操作

（1）移动任务栏。将鼠标指针指向任务栏的空白处，按下鼠标左键，当显示"任务栏"虚线框时，拖动任务栏到屏幕的左边后释放鼠标，任务栏将移动到屏幕的左边，如图 1-15 所示。同样可以将任务栏移动到屏幕的右边或上方。

任务栏只能放在桌面的四周位置。

（2）改变任务栏大小。将鼠标指针移动到任务栏的边线上，鼠标指针将变成一个双向箭头，此时按住鼠标左键上下拖曳，可改变任务栏的大小，如图 1-16 所示。

图 1-15 移动任务栏 　　　　　　　　　　图 1-16 改变任务栏大小

（3）隐藏任务栏。在任务栏空白处单击鼠标右键，出现任务栏快捷菜单，单击"属性"，打开"任务栏和「开始」菜单属性"对话框。在"任务栏"选项卡中，确认"自动隐藏任务栏"复选框前有对勾，单击"确定"按钮。返回桌面则当鼠标指针从任务栏区域移开，任务栏消失；当鼠标指针移近任务栏区域，任务栏自动弹出。

按同样操作将"自动隐藏"复选框前对勾取消，则任务栏将一直显示在桌面下方。

8. 文字输入练习

（1）启动记事本程序。选择"开始/所有程序/附件/记事本"命令，打开记事本程序窗口。

（2）在打开的记事本窗口输入以下英文内容：

Software

Software as we mentioned is another name for programs. Programs are the instructions that tell the computer how to process data into the form you want. In most cases the words software and programs are interchangeable.

There are tow major kinds of software-system software and application software. You can think of application software as the kind you use. Think of system software as the computer uses.

输入大写字母的方法是：按住 Shift 键，再按字母键，然后放开 Shift 键。也可先按一下 Caps Lock 键（使键盘切换到大写状态），再按字母键，此时输入的所有字母皆为大写字母，如果要切换到小写状态，只需再按一次 Caps Lock 键即可。

（3）切换中文输入法。

方法一：单击 Windows 桌面右下角的输入法图标，从显示的菜单中选择一种自己熟悉的汉字输入法，如"智能 ABC 输入法 5.0 版"，如图 1-17 所示。

图 1-17　输入法切换

方法二：使用组合键 Ctrl+空格键，可在一种选中的中文输入法和英文输入法之间快速切换。例如，先选择"智能 ABC 输入法 5.0 版"，按下 Ctrl+空格键，可切换到英文输入法状态，此时再按一次 Ctrl+空格键，又切换回"智能 ABC 输入法 5.0 版"状态。

方法三：使用组合键 Ctrl+Shift 可在所有输入法之间进行逐次切换。例如，先选择英文输入法，按下 Ctrl+Shift 组合键切换到"智能 ABC 输入法 5.0 版"，再按一次 Ctrl+Shift 组合键，会依序切换到"搜狗拼音输入法"，切换顺序如图 1-17 所示。

（4）中文汉字输入。在刚打开的记事本窗口输入以下中文内容：

汉字输入是每个用户应当掌握的一种技能。在中文 Windows XP 中为用户提供了多种汉字输入方法，并且允许每个应用程序拥有不同的输入环境。这样为用户快速、准确地输入中文提供了便利条件。

（5）标点符号的输入。在输入中文标点符号时，如输入书名号"《 》"，要先将汉字输入法状态条上的按钮切换到中文标点状态 ，再按住键盘上的 Shift 键不放，按下<键，输入左书名号"《"，按下>键，输入右书名号"》"。

如果要输入顿号"、"，也必须在中文标点状态下，按住键盘上的 Shift 键不放，按下\键，可输入顿号。注意区别英文标点和中文标点，并在记事本中输入以下标点符号：

～ ！ · ＃ ￥ ％ …… — ＊ （ ） — ＋{ }｜ ： "" 《 》？ [ ]\;',./
~ ! @ # $ % ^&* ()_+{}|:""<>?[] 、 ； ' ，。/

（6）全角字符输入。将汉字输入法状态条上的按钮分别切换到半角状态 和全角状态 ，在记事本中输入以下内容，比较两者的区别：

半角：123456 abcd；全角：１２３４５６　ａｂｃｄ。

在全角输入状态下，数字、字母和标点符号将使用全角符号，每个全角符号和汉字一样，占用一个汉字的位置。

实验二　资源管理器的使用和文件及文件夹操作

一、实验目的

1. 掌握文件管理操作。

2. 掌握磁盘管理操作。

3. 熟悉资源管理器（或"我的电脑"）的组成及基本操作。

二、实验内容

1. 文件操作（新建文件、重命名文件、查看和设置文件属性、删除和还原文件、创建快捷方式）。

2. 文件夹操作（新建文件夹、用文件夹分门别类保存文件、建立子文件夹）。

3. 磁盘操作（用磁盘保存文件或文件夹）。

4. 用资源管理器查看树状层次结构。

三、实验步骤

1. 建立文件

（1）建立文本文档。

① 在桌面上，单击鼠标右键，在弹出的快捷菜单中选择"新建/文本文档"命令，此时，在桌面上出现一"新建 文本文档.txt"图标，如图 1-18 所示。

 "文本文档"又叫"纯文本文件"、"记事本程序"，都是指扩展名为.txt 的文件。文本文档也可以通过在桌面上选择"开始/程序/附件/记事本"开始菜单选项新建。

② 双击"新建 文本文档.txt"图标，打开文本文档窗口，在窗口中输入一段文字。

③ 保存文本文档文件。选择"文件/保存"菜单命令，将输入的文字内容保存在计算机中。

④ 另存文本文档。选择"文件/另存为..."菜单命令，弹出"另存为"对话框，单击对话框左侧导航栏中的"桌面"按钮，表示将文档另存在桌面上；在"文件名"后的文本框中输入"另存文本文档.txt"，单击"保存"按钮。

⑤ 则此时文档标题栏处显示另存后的文件名。同时，桌面上出现两个内容一样而名称不同的文本文档，如图 1-19 所示。

图 1-18   "新建 文本文档.txt"图标

图 1-19   原文档和另存文档

 另存为操作可以自行指定文档的保存位置和保存名称。

⑥ 修改文档内容。再次双击"新建 文本文档.txt"图标，打开文档窗口，修改其中的文字内容，选择"文件/保存"菜单命令保存修改后的文字内容。

（2）建立图像文件。

① 在桌面上选择"开始/所有程序/附件/画图"菜单选项，打开"画图"程序窗口。

② 选择左侧"铅笔"按钮，随意在窗口中画一张图像。

③ 保存图像文件。选择"文件/保存"菜单命令，由于尚未指定图像文件的保存位置，所以此时弹出"另存为"对话框，设置保存位置为"桌面"，文件名为"图片一.bmp"。

④ 此时，桌面上出现一个名为"图片一.bmp"的图像文件图标，如图 1-20 所示。关闭画图程序窗口。

（3）建立音频文件。

① 在桌面上选择"开始/所有程序/附件/娱乐/录音机"菜单选项，打开"录音机"程序窗口，如图 1-21 所示。

② 单击"录音"按钮录制一段声音。

③ 保存音频文件。选择选择"文件/保存"菜单命令，由于尚未指定音频文件的保存位置，所以此时弹出"另存为"对话框，在"保存在"下拉菜单中选择保存位置为"桌面"，文件名为"音频一.wav"。

④ 此时，桌面上出现一个名为"音频一.wav"的音频文件图标，如图 1-22 所示。关闭录音机程序窗口。

2. 给文件重命名

（1）重命名。在"新建 文本文档.txt"图标上单击鼠标右键，从弹出的快捷菜单中选择"重命名"命令，此时文件名区域反白显示，从键盘上输入新的文件名"文档一.txt"，如图 1-23 所示，按回车键确认。

图 1-20　图像文件图标　　图 1-21　"录音机"程序窗口　　图 1-22　音频文件图标　　图 1-23　文件重命名

选中文件图标后，再单击名称框部分，也可使文件名区域反白显示，实现文件重命名。

文件名由文件标识符（文档一）和扩展名（txt）两部分组成，两部分之间用"."分隔。

"."不是句号"。"。

（2）扩展名隐藏。扩展名部分可以隐藏不显示。

操作方法：在桌面上双击"我的电脑"图标，打开"我的电脑"窗口，选择"工具/文件夹选项…"菜单命令，在弹出的"文件夹选项"对话框中选择"查看"标签，并在"高级设置"列表框中将"隐藏已知文件类型的扩展名"前进行勾选，如图 1-24 所示。

单击"确定"按钮，返回桌面，这时系统中所有文件的扩展名部分都隐藏不显示，如图 1-25 所示。

（3）扩展名隐藏时对文件重命名。选中"音频一"图标后，单击名称框部分，使文件名区域反白显示，从键盘上输入新的文件名"声音一"，如图 1-26 所示，按回车键确认。

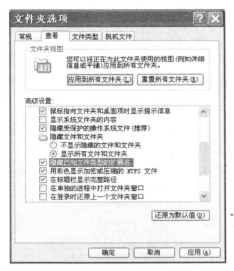

图 1-24 隐藏已知文件类型的扩展名　　图 1-25 扩展名隐藏　　图 1-26 扩展名隐藏时文件重命名

 　　　当文件的扩展名显示，重命名时不能遗漏扩展名部分，如操作（1）。当文件的扩展名隐藏，重命名时可省略扩展名部分，如操作（3）。

使用与操作（2）相同的方法，将"隐藏已知文件类型的扩展名"复选框前的对勾取消，单击"确定"按钮，返回桌面，这时观察系统中所有文件的扩展名部分再次显示出来。

3. 查看和设置文件属性

（1）查看文件详细属性。在"文档一.txt"上单击鼠标右键，在弹出的快捷菜单中选择"属性"命令，在弹出的文档一属性对话框中，可查看其相关属性，如图 1-27 所示。

（2）设置文件只读属性。在文件属性对话框中，将"只读"复选框勾选，单击"确定"按钮，文件将具备只读属性。此时打开"文档一.txt"窗口，修改其文字内容，再选择"文件/保存"菜单命令，会弹出"另存为"对话框，如果仍想保存为"文档一.txt"，将弹出警示框，表示无法修改、保存原文档，如图 1-28 所示。

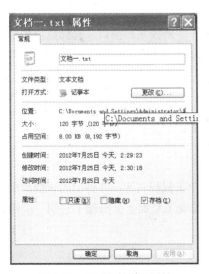

图 1-27 查看文件详细属性

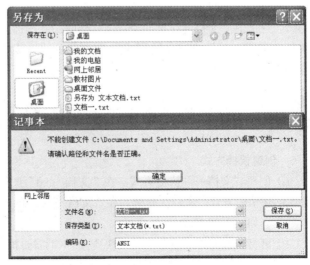

图 1-28 不能修改只读文件内容

具备只读属性的文本文档，可以打开查看其文字内容（可读），但文字内容修改后无法直接保存（不可写），即为"只（能）读（不能写）"属性。

（3）设置文件隐藏属性。在文件属性对话框中，将"隐藏"复选框勾选，单击"确定"按钮，文件将具备隐藏属性。

此时在桌面上，"文档一.txt"图标变为透明色。在桌面上单击鼠标右键，在弹出的快捷菜单中选择"刷新"命令，刷新桌面，这时观察"文档一.txt"图标在桌面上隐藏不显示。

（4）显示隐藏属性文件。隐藏属性文件也可以显示出来。方法为：在桌面上双击"我的电脑"图标，打开"我的电脑"窗口，选择"工具/文件夹选项…"菜单命令，在弹出的"文件夹选项"对话框中选择"查看"标签，并在"高级设置"列表框中选择"显示所有文件和文件夹"单选按钮，如图1-29所示。

单击"确定"按钮，返回桌面，观察刚设置为隐藏属性的"文档一.txt"图标又显示出来了，图标为透明色，以区别于非隐藏属性文件。

取消只读和隐藏属性只需在属性对话框中"只读"和"隐藏"复选框中取消勾选。

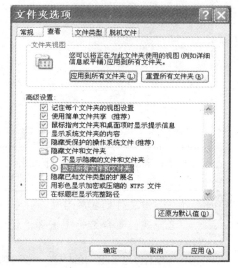

图1-29 显示隐藏属性文件

4. 删除和还原文件

（1）删除文档。在"文档一.txt"图标上单击鼠标右键，在弹出的快捷菜单中选择"删除"命令，弹出"确认文件删除"对话框，如果确认删除文件，单击"是"按钮，即可把选中文件放入回收站。

除了上述方法，也可以在选中图标后，按Delete键，作用相当于使用快捷菜单的"删除"命令，实现对文档的删除。

（2）还原删除文档。在桌面上双击"回收站"图标，打开"回收站"窗口。选择窗口中刚被删除的"文档一.txt"，单击鼠标右键，在弹出的快捷菜单中选择"还原"命令，选中的文件即被还原到被删除之前的位置（即桌面上）。

如果在删除文件时按Shift+Delete组合键，则文件会被永久删除无法从回收站还原。回收站的空间是可以人为设定的，空间占满后先删除的文件会被挤掉。

5. 创建快捷方式

（1）创建"文档一"快捷方式。在"文档一.txt"图标上单击鼠标右键，在弹出的快捷菜单中选择"创建快捷方式"命令。此时，在"文档一.txt"的同一位置（桌面上）出现了它的一个快捷方式图标，如图1-30所示。

（2）可将该快捷方式重命名为"快捷一"（不需要扩展名）。

（3）双击快捷方式图标，观察打开的程序窗口是"文档一.txt"，

（4）删除源文件"文档一.txt"，再双击快捷方式图标，观察此时无法打开"文档一.txt"，会弹出如图 1-31 所示窗口。

（5）删除快捷方式"快捷一"。从"回收站"还原"文档一.txt"。双击"文档一.txt"图标，这时"文档一.txt"窗口可被正常打开。

提示 　　快捷方式是一个"路标"，它指向了源文件的存放位置，如果源文件被删除掉，则快捷方式失去指向，无法将源文件打开。如果快捷方式被删除掉，却不会影响到源程序本身。

6. 新建文件夹

（1）在桌面上单击鼠标右键，在弹出的快捷菜单中选择"新建/文件夹"命令。此时，在桌面上出现 "新建文件夹"图标，如图 1-32 所示。

图 1-30　快捷方式　　　　　图 1-31　"缺少快捷方式"对话框　　　　　图 1-32　文件夹图标

（2）在"新建文件夹"上单击鼠标右键，在弹出的快捷菜单中选择"重命名"命令，将文件夹改名为"文本文件夹"。

（3）用上述方法，在桌面上再新建两个文件夹，分别命名为"图像文件夹"和"音频文件夹"。

7. 用文件夹分门别类保存文件

（1）将所有文本文件放入"文本文件夹"。

方法：在"文档一.txt"图标上单击鼠标右键，在弹出的快捷菜单中选择"剪切"命令，此时，"文档一.txt"图标颜色变透明；再双击"文本文件夹"图标，打开"文本文件夹"窗口；在"文本文件夹"窗口内单击鼠标右键，在弹出的快捷菜单中选择"粘贴"命令，"文档一.txt"即从桌面上移入"文本文件夹"内，如图 1-33 所示。用上述方法将"另存文本文档.txt"也移入"文本文件夹"保存。

（2）将所有图片文件放入"图像文件夹"。

图 1-33　文件夹保存文件

方法：选中"图片一.bmp"图标，并按下组合键 Ctrl+X（作用相当于选择"剪切"选项），此时，"图片一.bmp"图标颜色变透明；再双击"图像文件夹"图标，打开"图像文件夹"窗口；在"图像文件夹"窗口内，按下组合键 Ctrl+V（作用相当于使用"粘贴"选项），"图片一.bmp"即从桌面上移入"图像文件夹"内。

（3）将所有音频文件放入"音频文件夹"。

方法：双击"音频文件夹"图标，打开"音频文件夹"窗口；在桌面上，选中"声音一.wav"图标按下鼠标左键不放，向"音频文件夹"窗口内部拖曳，当"声音一.wav"的"替身"图标进入"音频文件夹"窗口内部时，释放鼠标左键，此时，"声音一.wav"文件即从桌面上移入"音频文件夹"内，如图 1-34 所示。

将文件移入文件夹后效果如图 1-35 所示。

图 1-34　音频文件放入"音频文件夹"　　　　　图 1-35　文件夹分门别类保存文件

文件和文件夹的区别：

从表现形式上看，文件夹图标是黄色小文件袋形状，而文件图标形状比较多样；文件夹名没有扩展名，文件名有扩展名。

从功能上看，文件是用来记录文字、图像、音频等信息资源的。而文件夹的作用是用来存放和组织文件的，可以把同一类文件存放到一个文件夹下，以方便查找。

要改变文件（或文件夹）的保存位置，可使用剪切（快捷键为 Ctrl+X）、粘贴（快捷键为 Ctrl+V）操作实现。剪切操作也叫做"移动"。

8．用磁盘保存文件夹

（1）将桌面上所有文件夹放入 C 盘。双击桌面上"我的电脑"图标，打开"我的电脑"窗口；双击"本地磁盘（C:）"，打开 C 盘窗口。

（2）在桌面上，用鼠标单击第一个文件夹图标，按住 Shift 键，再单击最后一个文件夹图标，即可把 3 个文件夹图标全部选取，如图 1-36 所示。

（3）在某个选中文件夹图标上按下鼠标左键不放，向 C 窗口内部拖曳，如图 1-37 所示，当选中图标的虚线框进入 C 窗口内部时，释放鼠标左键，此时 3 个文件夹即从桌面上同时移入 C 盘内。

（4）将刚放入 C 盘的 3 个文件夹都复制到 D 盘。

双击桌面上"我的电脑"图标，打开"我的电脑"窗口；双击"本地磁盘（D:）"，打开 D 盘窗口。

（5）使用"复制"和"粘贴"的方法将"文本文件夹"复制到 D 盘。

（6）使用快捷键 Ctrl+C 和 Ctrl+V 将"图片文件夹"复制到 D 盘。

（7）使用鼠标拖曳方式将"音频文件夹"复制到 D 盘。

9．建立子文件夹

（1）在 D 盘的"文本文件夹"下建立子文件夹"中国"。

方法：双击打开 D 盘窗口，再双击打开"文本文件夹"窗口，在"文本文件夹"窗口内单击鼠标右键，在弹出的快捷菜单中选择"新建/文件夹"命令，新建一子文件夹，重命名为"中国"，如图 1-38 所示。

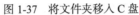

图 1-36　选取所有文件夹　　　　图 1-37　将文件夹移入 C 盘　　　　图 1-38　建立子文件夹"中国"

（2）观察路径。双击打开"中国"文件夹窗口，在窗口上方的地址栏中观察路径，如图 1-39 所示。

> 路径表示当前打开窗口的位置。D:\表示 D 盘，斜杠后表示一个文件夹（如"文本文件夹"），后一个文件夹是前一个文件夹的子文件夹（如"中国"是"文本文件夹"的子文件夹）。

（3）在"中国"文件夹下再分别建立子文件夹"北京"、"上海"、"海南"，如图 1-40 所示。

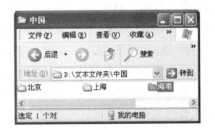

图 1-39　观察地址栏中路径　　　　　　　　图 1-40　建立子文件夹

（4）双击打开"海南"文件夹，在"海南"文件夹下再分别建立子文件夹"海口"、"琼海"、"三亚"。

以上所建立的文件夹及其子文件夹的层次结构如图 1-41 所示。

由于该层次结构类似一棵枝杈延展的大树，故形象地称之为"树状层次结构"。

图 1-41　文件夹层次结构图

10. 用资源管理器查看树状层次结构

（1）打开资源管理器窗口。

操作方法：单击文件夹窗口工具栏中的"文件夹"按钮，可打开"资源管理器"窗口，如图 1-42 所示。通过左窗格的垂直滚动条可浏览整个计算机中的文件夹层次结构。

（2）左窗格文件夹展开与折叠。

操作方法：单击文件夹旁的"+"号或"–"号，如单击"海南"文件夹旁的"–"号，则"海南"文件夹下的所有子文件夹都不可见，同时"–"号变"+"号，如图 1-43 所示。

反之，再单击"海南"文件夹旁的"+"号，则"海南"文件夹下的所有子文件夹再次展开，同时"+"号变"–"号。

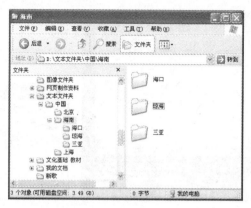

图 1-42　资源管理器窗口　　　　　　　　　　　　图 1-43　文件夹展开与折叠

（3）单击左窗格文件夹，如"文本文件夹"，右窗格即显示其下的所有子文件夹及文件。

（4）向上按钮 。单击标准按钮栏上的"向上"按钮，可到达当前文件夹的上一级文件夹，如"中国"文件夹的上一级是"文本文件夹"，"文本文件夹"的上一级是 D 盘。

（5）查看详细资料按钮 。单击标准按钮栏上的"查看"按钮，并选择"详细资料"查看方式。在该显示方式下，若拖动右窗格上方任意两个属性之间的竖分隔线，可以对"名称"、"大小"、"类型"和"修改时间"各项的显示宽度进行调整。例如，将鼠标指针指向"名称"和"大小"之间的竖线上，当鼠标指针变为双向箭头时向左拖动鼠标至适当位置时释放，可加大"大小"栏显示宽度，如图 1-44 所示。

（6）文件（夹）排序。在"详细资料"查看方式下，直接单击右窗格上方的"名称"、"大小"、"类型"和"修改时间"各项，观察右窗格的变化。例如，单击"修改时间"选项，则可以看到显示方式是按文件修改时间从近到远排列，再次单击"修改时间"选项，则按从远到近排列；又例如，单击"类型"选项，窗口中文件、文件夹按扩展名的字母顺序排列。

11. 查找文件

（1）打开"搜索结果"对话框。选择"开始"菜单的"搜索/文件或文件夹"命令，打开"搜索结果"对话框。

（2）搜索 C 盘下所有的文本文档。在左窗格"要搜索的文件或文件夹名为："文本框中，键入要查找的文件名".txt"（文本文档的扩展名为 txt）。在"搜索范围"框中选择"本地磁盘（C:）"，单击"立即搜索"按钮，如果找到，相应的结果将出现在右侧窗格下方，如图 1-45 所示。

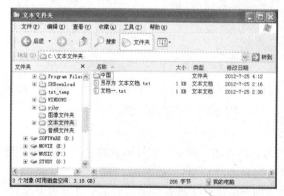

图 1-44　文本文件夹　　　　　　　　　　　　　　图 1-45　搜索文件

（3）搜索计算机中的 bmp 格式图像文件，要求其文件名第 1 个字母必须是"b"，第 4 个字母必须是"t"，其余字母任意。

搜索方法：在"要搜索的文件或文件夹名为："文本框中，键入要查找的文件名"b??t*.bmp"。在"搜索范围"框中选择"我的电脑"，单击"立即搜索"按钮，如果找到，相应的结果将出现在右侧窗格下方，如图 1-46 所示。

> 当要搜索的文件名中字母不确定时，可以用"?"代替一个不确定的字符，用"*"代替字符串。在上例中，第 2 个和第 3 个字母不确定，分别用两个"?"代替，在第 4 个字母后可能没有字母，也可能还有多个字母，字母个数和是什么字母都不确定，可以用一个"*"代替。"?"和"*"称为通配符。
>
> .bmp 是该种图像文件的扩展名。

（4）搜索计算机中的文本文档，要求文档大小必须小于 5KB，且修改时间必须是在 2010 年以后。

搜索方法：在"要搜索的文件或文件夹名为："文本框中，键入要查找的文件名"*.txt"。在"搜索范围"框中选择"我的电脑"。

单击左窗格中的"搜索选项>>"标签。在"日期"选项中设置"修改过的文件"时间介于 2010-1-1 和 2012-7-1（搜索日期当天）。

在"大小"选项中设置文件大小"至多"5KB。

单击"立即搜索"按钮，如果找到，相应的结果将出现在右窗格下方，如图 1-47 所示。

图 1-46　显示搜索结果

（5）将上例中搜索得到的文本文档复制 5 个到"D:\文本文件夹"下。

方法：按住 Ctrl 键，依次用鼠标单击右侧窗格中的文件名，选取 5 个文档，如图 1-48 所示。在选中区域单击鼠标右键，选择"复制"命令。打开"D:\文本文件夹"窗口，在其内部单击鼠标右键，选择"粘贴"命令。

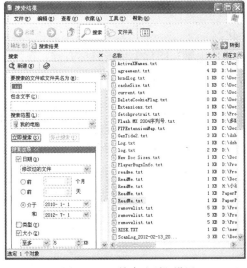

图 1-47　"搜索选项"设置

图 1-48　复制搜索选项

对于位置不连续的文件（或文件夹）的选取，可借助 Ctrl 键，依次单击每一个文件。

实验三 剪贴板的使用

一、实验目的

了解剪贴板功能，掌握其操作方法。

二、实验内容

利用"剪贴板"进行屏幕取图操作。

三、实验步骤

（1）使用剪贴板获取整个屏幕图像，并将屏幕图像复制到"写字板"文档中。

① 单击桌面左下角的"开始"按钮，选择"程序/附件/写字板"选项，启动"写字板"程序，并将窗口最小化。

写字板是一个文字编辑程序，用于编辑短小的文档。和记事本（文本文档）相比，写字板的功能更为强大。在写字板中不仅可以创建和编辑简单的文本文档，还可以处理具有复杂格式和图形的文档。

② 返回桌面区域，按下 PrintScreen 键，可将整屏图像暂存在剪贴板中。

③ 打开"写字板"窗口，将光标移至适当位置，选择"编辑/粘贴"菜单命令，将剪贴板中的图像复制到写字板中，如图 1-49 所示。

④ 保存写字板文档。

（2）使用剪贴板获取活动窗口和对话框图像。

① 启动附件中的"画图"程序，并将窗口最小化。

② 打开桌面上"我的电脑"属性对话框（在"我的电脑"图标上单击鼠标右键，在弹出的快捷菜单中选择"属性"），按下 Alt+PrintScreen 组合键，将"属性"对话框窗口画面暂存在剪贴板中。

③ 打开"画图"窗口，选择"编辑/粘贴"菜单命令，可将剪贴板中的"属性"对话框窗口画面复制到画板上，如图 1-50 所示。

④ 保存图像文档。

在复制过程中，有时会弹出是否扩大位图选择对话框，单击"是"按钮即可。

图 1-49 利用"剪贴板"进行屏幕取图

图 1-50 获取活动窗口图像

实验四 综合练习

做下列练习题时可根据老师提示将相关文件夹复制到 D 盘上,然后根据题目要求在相应的文件夹里进行操作。

在 D 盘上的 source\windows 文件夹里完成以下操作。

1. 建立目录结构

在 Windows 文件夹下建立如图 1-51 所示的目录结构。

图 1-51 目录结构

文件与文件夹存储的根目录结构。

2. 新建文件、文件属性设置,新建快捷方式

(1)在"NEW"文件夹下新建一个记事本程序,命名为"文本一.txt"。

(2)在"NEW"文件夹下新建一个电子表格文件,命名为"表格一.xls",并设置其属性为隐藏。

(3)在"NEW"文件夹下新建一个演示文稿,命名为"演示一.ppt",并在同一位置创建其快捷方式,快捷方式重命名为"文稿一"。

(4)在"NEW"文件夹下新建一个网页文件,命名为"计算机操作练习.htm",并在 Windows 文件夹下创建其快捷方式(注意快捷方式的存放位置)。

记事本程序=文本文档=纯文本文件,都是扩展名为.txt 的文件。

Word 2003 生成的是扩展名为.doc 的 Word 文档。

Excel 2003 生成的是扩展名为 .xls 的电子表格文件。

PowerPoint 2003 生成的是扩展名为 .ppt 的演示文稿文件。

FrontPage 2003 生成的是扩展名为 .htm 或者.html 的网页文件。

3. 文件重命名

将 "改名" 文件夹下的 "计算机.htm" 文件更名为 "等级考试.html"。

4. 删除文件

删除 "Delete" 文件夹下所有的 Excel 文档。

先在 "工具/文件夹选项" 的 "查看" 标签下的 "高级设置" 列表框里选中 "显示所有的文件和文件夹" 单选按钮，并清除 "隐藏已知文件类型的扩展名" 复选框，即可看到扩展名，然后进行删除操作。

5. 复制文件

把 Temp 文件夹下最后修改过的两个文件拷贝到 copy 文件夹下。

6. 移动文件

把 Temp 文件夹下小于 15K 的所有文本文档移动到 move 文件夹下。

7. 搜索文件

（1）在计算机中搜索第 1 个字母为 o，第 3 个字母为 b 的.ini 文件，复制 2 个到 "搜索 1" 文件夹下。

（2）搜索计算机中日期为 2008 – 06 – 01 以后的纯文本文件，要求至少为 6KB，复制 3 个到文件夹 "搜索 2" 中。

通配符的使用方式："？" 代表一个不确定字符，"*" 代表多个不确定字符，此处搜索文件需要输入 "o?b*.ini"。

8. 截屏快捷键

（1）截取桌面屏幕，将屏幕画面保存在 "截屏" 文件夹中，文件名为 "全屏幕.DOC"。

（2）打开文件夹 "NEW" 的属性对话框，将该对话框画面复制并保存在 "截屏" 文件夹中，文件名为 "对话框.bmp"。

按 PrintScreen 键截取整个屏幕画面，粘贴到 Word 文档中；按 Alt+PrintScreen 键截取当前活动窗口画面，粘贴到画图程序中。

第2章
"文字处理软件 Word 2003" 实验

实验一　文档的基本操作

一、实验目的

1. 使用一种输入法熟练地进行文字、符号的输入。
2. 掌握 Word 2003 的基本操作：创建、保存、打开和退出。
3. 掌握 Word 文档的基本编辑：复制、查找、替换。

二、实验内容

1. Word 2003 的创建、保存、打开和退出。
2. Word 2003 文档的输入和编辑。

三、实验步骤

1. Word 文档的创建、保存和退出

> 神舟九号飞船是中国航天计划中的一艘载人宇宙飞船，是神舟号系列飞船之一。神九是中国第一个宇宙实验室项目 921-2 计划的组成部分，天宫与神九载人交会对接将为中国航天史上掀开极具突破性的一章。中国计划 2020 年将建成自己的太空家园，中国空间站届时将成为世界唯一的空间站。2012 年 6 月 16 日 18 时 37 分，神舟九号飞船在酒泉卫星发射中心发射升空。2012 年 6 月 18 日约 11 时左右转入自主控制飞行，14 时左右与天宫一号实施自动交会对接，这是中国实施的首次载人空间交会对接。

（1）新建文档。选择"开始/程序/Microsoft Word"选项，启动 Word 2003 应用程序，在 Word 窗口的编辑区中输入上述内容。

（2）保存文档。将新建的 Word 文档以名为"myword01.doc"保存在 D 盘"word 学习"文件夹中，并退出 Word 程序。

① 选择"文件/保存"菜单命令（或单击"常用"工具栏上的"保存"按钮），弹出"另存为"对话框，在对话框的"保存位置"下拉列表中选择 D 盘，然后单击"新建文件夹"按钮，弹出"新文件夹"对话框，在"名称"文本框里输入"word 学习"，单击"确定"按钮，如图 2-1

所示。在"保存类型"下拉列表中选择"Word 文档(*.doc)"；在"文件名"文本框中输入"myword01"，单击"保存"按钮完成，如图 2-2 所示。

图 2-1　"新建文件夹"对话框　　　　　　　　　图 2-2　"另存为"对话框

② 选择"文件/退出"菜单命令（或单击 Word 窗口右上角的"关闭"按钮）退出 Word 程序。

2. Word 打开与编辑

（1）打开 D:\ word 学习的 myword01.doc 文档。

方法一：启动 Word 程序，选择"文件/打开"菜单命令（或单击"常用"工具栏中的"打开"按钮），弹出"打开"对话框。在对话框中的"查找范围"下拉列表中选择 D 盘，在下方的窗口中双击打开"word 学习"文件夹，在窗口中选择 myword01.doc 文件，然后单击"打开"按钮即可。

方法二：在桌面上双击"我的电脑"，打开 D 盘，打开"word 学习"文件夹，再双击 myword01.doc 文件即可。

（2）插入标题："神州九号飞船"。将插入点定位在文档的第一个字前，输入标题内容后，按回车键即可。

（3）将文档分成 2 段，并交换这 2 段的位置。

① 将光标定位在 "中国计划"前，按回车键即可分成 2 段。

② 选择第二段文字，并在选定的文字上单击鼠标右键，在弹出的快捷菜单中选择"剪切"命令（也可以从 "编辑"菜单中选择"剪切"命令或按 Ctrl+X 组合键）。

③ 将光标定位在第一段字首，并单击鼠标右键，在弹出的快捷菜单中选择"粘帖"命令（也可以从 "编辑"菜单中选择"粘帖"命令按 Ctrl+V 组合键）。

（4）替换操作。将全文的"中国"替换为"China"，并设置格式为小四号字、红色、加粗。

① 选择"编辑/替换"菜单命令，弹出"查找和替换"对话框，在对话框的"替换"标签的"查找内容"文本框中输入内容"中国"，在"替换为"文本框输入内容"China"，如图 2-3 所示。

② 单击对话框中的"高级"按钮，并将插入点定位在"替换为"文本框中，如图 2-4 所示。单击"格式"按钮，选择"字体"命令，弹出"替换字体"对话框，如图 2-5 所示。在"字体颜色"下拉列表中选择"红色"，在"字形"列表框中选择"加粗"，在"字号"列表框中选择"小四"，单击"确定"按钮，返回"查找和替换"对话框，如图 2-4 所示。在"查找和替换"对话框的"搜索"下拉列表中选择"全部"，单击"全部替换"按钮，排版后的效果如图 2-6 所示。

（5）将文档按原名保存。

选择"文件/保存"菜单命令（或单击"常用"工具栏中的"保存"按钮）。

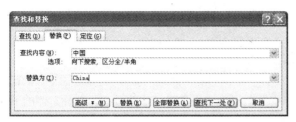

图 2-3 "替换"选项卡

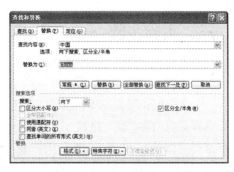

图 2-4 "查找和替换"对话框

图 2-5 "替换字体"对话框

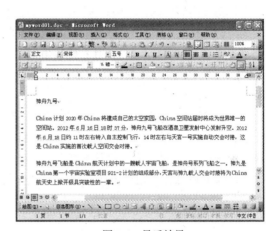

图 2-6 最后效果

实验二 文档格式设置

一、实验目的

1. 熟练掌握文档的字符和段落格式设置。
2. 学会项目符号和编号设置。
3. 掌握分栏和首字下沉的使用方法。
4. 掌握使用边框和底纹的设置进行文字、段落。
5. 了解中文版式的使用方法。

二、实验内容

1. 字符格式和段落格式设置。
2. 边框和底纹的设置。
3. 项目符号和编号设置。
4. 分栏、首字下沉设置。
5. 页面设置。

三、实验步骤

打开素材中的文档 myword02.doc，并输入标题内容"《弟子规》原文及解说"。

1. 字符和段落格式设置

（1）将标题设置为黑体、四号、蓝色、居中。

选择标题内容，在"格式"工具栏中的"字体"下拉列表中选择"黑体"，在"字号"下拉列表中选择"四号"，单击"加粗"图标 **B**、"居中"图标 ≡，再单击"字体颜色"图标右侧的下拉按钮 **A·**，在弹出的下拉列表中选择蓝色。

（2）将正文部分设置为首行缩进 2 字符、行距为 1.2 倍、段前间距 0.5 行。

选择正文内容，选择"格式/段落"菜单命令，弹出"段落"对话框。在对话框的"缩进"标签中的"特殊格式"下拉列表中选择"首行缩进"，右侧数值框中输入"2 字符"；在"行距"下拉列表中选择"多倍行距"，在其右侧数值框中输入"1.2"，如图 2-7 所示。

（3）将第 1 段文字设置为仿宋体、小四号、倾斜、深青色、波浪型下划线、左右各缩进 3 个字符、行距 16 磅。

① 选择第 1 段内容，选择"格式/字体"菜单命令，弹出"字体"对话框。在"字体"标签的"中文字体"下拉列表中选择"仿宋_GB2312"；在"字形"列表框中选择"倾斜"；在"字号"列表框中选择"小四"；在"字体颜色"下拉列表中选择"深青色"；在"下划线"下拉列表中选择"波浪型下划线"，单击"确定"按钮完成字符格式设置，如图 2-8 所示。

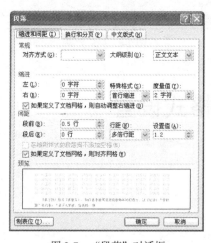

图 2-7 "段落"对话框

图 2-8 "字体"对话框

② 选择第 1 段内容，选择"格式/段落" 菜单命令，弹出"段落"对话框。在"缩进"标签下的左、右数值框中分别输入"3 字符"；在"行距"下拉列表中选择"固定值"，在右侧的数值框中输入"16 磅"，单击"确定"按钮完成段落格式设置。

2. 边框和底纹设置

设置第 2 段和第 4 段文字边框为浅青绿色、2 磅、阴影的实线框，底纹为浅青绿色。

（1）选择第 2 段和第 4 段文字（使用 Ctrl 键配合选择），选择"格式/边框和底纹"菜单命令，弹出"边框和底纹"对话框。在"边框"选项卡的"设置"栏下选择"阴影"图标，在"线型"栏列表框中选择实线，在"颜色"下拉列表中选择"浅青绿色"，在"宽度"下拉列表中选择"2 磅"，在"应用范围"下拉列表中选择"文字"，如图 2-9 所示。

（2）在"格式/边框和底纹"对话框中选择"底纹"选项卡，在"填充"栏下选择"浅青绿"颜色，在"应用范围"下拉列表中选择"文字"，单击"确定"按钮完成设置，如图 2-10 所示。

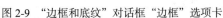
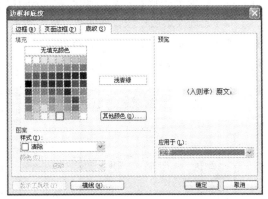

图 2-9 "边框和底纹"对话框"边框"选项卡　　　图 2-10 "边框和底纹"对话框"底纹"选项卡

设置边框和底纹时要注意应用范围是"文字"还是"段落"，效果是截然不同的。

3. 项目符号设置

设置第 5 段到第 11 段文字带有项目符号"📖"，青色、12 号。

（1）选择指定的 7 段文字内容，选择"格式/项目符号和编号"菜单命令，弹出"项目符号和编号"对话框，选择"项目符号"选项卡。由于在"项目符号"标签下没有所需的项目符号"☆"，则单击选择任意一种项目符号，再单击"自定义"按钮，弹出"自定义项目符号列表"对话框，如图 2-11 所示。

（2）单击对话框中的"字符"按钮，弹出"符号"对话框。在"符号"对话框的"字体"下拉列表中选择"Wingdings"，在其下面的窗口中选择符号"📖"，如图 2-12 所示，单击"确定"按钮。单击对话框中的"字体"按钮，弹出"字体"对话框，设置字号为"12"，字体颜色为"青色"，单击"确定"按钮，再单击"确定"按钮。

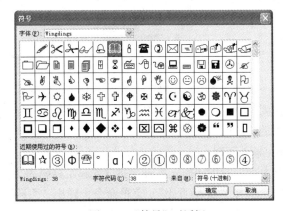

图 2-11 "自定义项目符号列表"对话框　　　图 2-12 "符号"对话框

4. 首字下沉、分栏设置

设置最后一段首字下沉 2 行、隶书，分 2 栏、栏距为 2.5 个字符、栏间有分隔线。

（1）将光标插入点定位在最后一段中，选择"格式/首字下沉"菜单命令，弹出"首字下沉"对话框。在对话框的"位置"栏下选择"下沉"图标，在"字体"下拉列表中选择"隶书"，在"下沉行数"数值框中输入"2"，如图2-13所示，单击"确定"按钮完成。

（2）先选择最后一段，再选择"格式/分栏"菜单命令，弹出"分栏"对话框。在对话框的"栏数"数值框中输入"2"，在"宽度和间距"栏下的"间距"数值框中输入"2.5字符"，再选择对话框右侧的"分隔线"复选框，如图2-14所示，单击"确定"按钮完成。

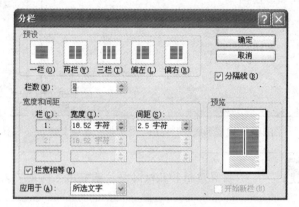

图2-13　"首字下沉"对话框　　　　　　　图2-14　"分栏"对话框

　　　　　当分栏的段落是文档的最后一段，选择文字内容时不要将该段的段落标记符选中，或者在该段的段尾按回车键，生成一个空段作为参考段，此时可将该段内容和段落标记符一同选中，否则将不能执行分栏操作。

5. 设置页眉页脚

设置页眉内容为"《弟子规》"，左对齐、华文隶书、小四号字；页脚内容为"清朝-李毓秀"，右对齐。

（1）选择"视图/页眉和页脚"菜单命令，进入页眉编辑区，并弹出"页眉和页脚"工具栏，如图2-15所示。在页眉编辑区输入"《弟子规》"，并在"格式"工具栏中选择"两端对齐"图标 ▤，在"格式"工具栏中选择"华文隶书"、字号为"小四"。

图2-15　"页眉和页脚"工具栏

（2）单击"页眉和页脚"工具栏上的"在页眉和页脚间切换"图标 ▤，进入页脚编辑区，输入"清朝-李毓秀"，并在"格式"工具栏中选择"右对齐"图标 ▤。然后单击"页眉和页脚"工具栏上的"关闭"图标。

6. 插入页码

在页面底端中间插入页码，并设置起始页码为2。

（1）选择"插入/页码"菜单命令，弹出"页码"对话框。在"位置"下拉列表中选择"页面底端（页脚）"，在"对齐方式"下拉列表中选择"居中"，如图2-16所示。

（2）单击"页码"对话框中的"格式"按钮，弹出"页码格式"对话框。在对话框的"页码编排"栏中选择"起始页码"单选按钮，并在右侧的数值框中输入"2"，如图2-17所示，单击"确定"按钮。再在"页码"对话框中单击"确定"按钮完成设置。

图 2-16 "页码"对话框

图 2-17 "页码格式"对话框

7. 页面设置

设置页面的上下边距为 2.5 厘米，左右边距为 3 厘米，16 开纸张、纵向。

（1）选择"文件/页面设置"菜单命令，弹出"页面设置"对话框，如图 2-18 所示。在"页边距"选项卡中的"上"、"下"数值框中分别输入"2.5 厘米"，在"左"、"右"数值框中分别输入"3 厘米"，在"方向"栏中选择"纵向"，在"应用于"下拉列表中选择"整篇文档"。

（2）选择"纸张"选项卡，在"纸张大小"下拉列表中选择"16 开（18.4×26 厘米）"，在"应用于"下拉列表中选择"整篇文档"，如图 2-19 所示，单击"确定"按钮完成设置。

最后排版效果如图 2-20 所示。

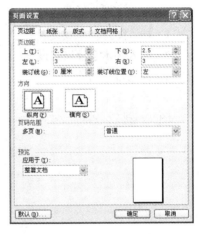

图 2-18 "页边距"选项卡

图 2-19 "纸张"选项卡

图 2-20 实验二效果图

实验三　图文混排

一、实验目的

1. 掌握插入图片及其格式设置方法。
2. 掌握艺术字和文本框的使用方法。
3. 学会使用自选图形的绘制。

二、实验内容

1. 插入图片及格式设置。
2. 插入艺术字及格式设置。
3. 绘制自选图形。
4. 插入文本框及格式设置。

图文混排效果如图 2-21 所示。

图 2-21　实验三效果图

三、实验步骤

先打开素材文件夹中的 Word 文档 "myword03.doc"。

（1）将素材文件中的图片 "灯图.bmp" 插入文档中间，并将图片设置背景图片、冲蚀效果。

① 插入图片。将插入点定位在文档的中间，选择 "插入/图片/来自文件" 菜单命令，弹出 "插入图片" 对话框。在 "查找范围" 中打开素材文件夹，再选择图片文件 "灯图.bmp"，单击 "插入" 按钮，将图片插入到文档中，如图 2-22 所示。

② 设置图片格式。右击图片,从弹出的快捷菜单中选择"设置图片格式"命令,弹出"设置图片格式"对话框,在"版式"选项卡下选择"衬于文字下方"。在"图片"选项卡下选择"颜色"下拉列表中的"冲蚀",单击"确定"按钮完成,如图 2-23 所示。

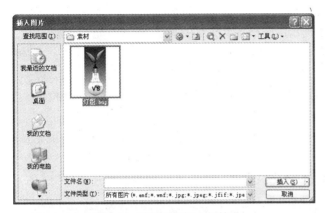

图 2-22 "插入图片"对话框

图 2-23 "设置图片格式"对话框

③ 选中图片,用鼠标左键拖动图片上的 8 个控制点,将图片大小布满整个页面。

(2)利用绘图工具及艺术字工具在文档末绘制如图 2-24 所示的印章图形,并进行组合。

① 先在 Word 窗口中任意工具按钮上单击鼠标右键,在弹出的快捷菜单中选择"绘图"命令(或选择"视图/工具栏/绘图"菜单命令),显示出"绘图"工具栏。

② 绘制外圆。

在"绘图"工具栏上单击"椭圆"图标,鼠标指针变成"十"形状,在空白的地方按住鼠标左键,拉出一个圆形。双击圆形框线,弹出"设置自选图形格式"对话框,在"颜色与线条"选项卡中设置黑色、实线、3 磅。

③ 设置艺术字。

在"绘图"工具栏上单击"艺术字"图标 (或选择"插入/图片/艺术字"菜单命令),弹出"艺术字库"对话框,在对话框中选择"扇形"的艺术字式样,单击"确定"按钮,弹出"编辑'艺术字'文字"对话框,如图 2-25 所示。在"文字"文本框中输入"信息工程学院",并设置字体格式为宋体体、32 号、加粗,单击"确定"按钮,将艺术字移动到圆形框内,调整其合适的角度和位置。同上添加艺术字"学生会专用章"。

图 2-24 印章图

图 2-25 "编辑'艺术字'文字"对话框

④ 插入自选图形——五角星。

在"绘图"工具栏上单击"自选图形"图标,选择"星与旗帜"中的五角星形,添加到圆形中合适位置。选中五角星形，在"绘图"工具栏上单击"填充颜色"图标，设置其填充颜色为红色。

⑤ 按住 Shift 键，单击选择需要组合的对象，然后在选择的对象上单击鼠标右键，弹出快捷菜单，选择"组合/组合"命令。

（3）在文档中间空白处插入如图 2-21 所示的竖排文本框，并输入"熄灭灯光　点亮希望"，设置文本框的填充颜色为浅黄色、边框线条黑色、粗细为 3 磅、双线、虚实是方点样式；文本框的高度为 5.5 厘米、宽度为 1.6 厘米。

① 选择"插入/文本框/竖排"菜单命令，此时鼠标指针变为"十"形状，在空白处拉出一个文本框，并输入内容。

② 先选择文本框，在框线上双击鼠标，弹出"设置文本框格式"对话框，如图 2-26 所示。在"颜色与线条"选项卡下设置填充颜色、线条颜色、线型、虚实和粗细；在"大小"选项卡下设置文本框的高度和宽度（注意：要取消"锁定纵横比"复选框），如图 2-27 所示。

图 2-26　"设置文本框格式"对话框

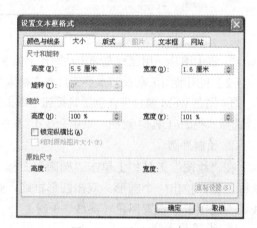

图 2-27　"大小"选项卡

实验四　表格制作

一、实验目的

1. 掌握插入、编辑表格的方法
2. 学会在 Word 表格中使用函数。

二、实验内容

1. 插入表格。
2. 调整表格的行高列宽。
3. 合并或拆分单元格。
4. 表格内外框设置及底纹。
5. 表格计算。

三、实验步骤

（1）插入表格。新建一个 Word 文档，输入如图 2-28 所示的内容。

插入 7 行 7 列表格。选择“表格/插入/表格”菜单命令，弹出“插入表格”对话框。在对话框中设置 7 行 7 列，如图 2-29 所示，单击“确定”按钮。

工程技术学院新生统计表

年份 / 人数 / 省份		2008 年	2009 年	2010 年	2011 年	合计
海南	男	15	76	89	102	282
	女	8	45	38	43	134
广东	男	18	65	98	67	248
	女	25	43	39	41	148
湖南	男	15	36	74	96	221
	女	5	32	25	69	131

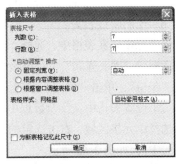

图 2-28　样图

图 2-29　“插入表格”对话框

（2）设置表格第一行的行高为 2 厘米。

先选择表格的第一行，再选择“表格/表格属性”菜单命令（或右击被选定的任意一个单元格，从弹出的快捷菜单中选择“表格属性”命令），弹出“表格属性”对话框，如图 2-30 所示。在对话框的“行”标签下选择“指定行高”，并在其右侧数值框中输入“3 厘米”，然后单击“确定”按钮。

（3）合并单元格。根据图 2-28 所示的样图，将表格的部分单元格合并。

选定第 1 行的第 1 和第 2 个单元格，选择“表格/合并单元格”菜单命令（或右击选定的单元格，从弹出的快捷菜单中选择“合并单元格”命令），第 1 行的第 1 和第 2 个单元格就合并为一个单元格。使用同样的方法将其他单元格合并。

（4）设置表格外框线为双实线、蓝色、0.25 磅，内框线为虚线、橙色、1 磅。数据区底纹为灰色－12.5%。

① 选定表格，选择“格式/边框和底纹”菜单命令，弹出“边框和底纹”对话框，在“边框”选项卡中“设置”栏下选择“自定义”图标。

② 外框线格式设置。在“边框”标签的“线型”列表框中选择“双实线”线型，在“颜色”下拉列表中选择“蓝色”，在“宽度”下拉列表中选择“0.25 磅”，在右侧的“预览”栏中分别选择上框线按钮、下框线按钮、左框线按钮、右框线按钮来设置外框线格式，如图 2-31 所示。

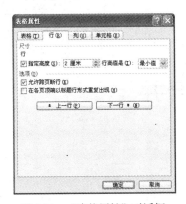

图 2-30　“表格属性”对话框

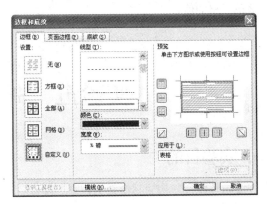

图 2-31　“边框和底纹”对话框

③ 内框线格式设置。在"线型"列表框中选择"虚线"线型，在"颜色"下拉列表中选择"橙色"，在"宽度"下拉列表中选择"1磅"，在右侧的"预览"栏中分别选择内框线的横线按钮—、内框线的坚线按钮▯，单击"确定"按钮完成。

（5）设置表格数据区底纹为灰色－12.5%。

选定表格数据区单元格，选择"格式/边框和底纹"菜单命令，弹出"边框和底纹"对话框。在"底纹"标签下选择"灰色－12.5%"，如图 2-32 所示，单击"确定"按钮完成。

（6）绘制斜线表头。

将光标定位在表格中，选择"表格/绘制斜线表头"菜单命令，弹出"插入斜线表头"对话框。在对话框的"表头样式"下拉列表中选择"样式三"，在"标题"文本框中分别输入"省份"、"人数"、"年份"，单击"确定"按钮完成。

（7）设置表格中文字及数据中部居中。

选择单元格区域，右击选定的任意一个单元格，在弹出的快捷菜单中选择"单元格对齐方式/中部居中"，如图 2-33 所示。

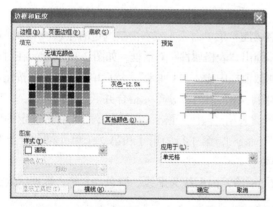

图 2-32 "边框和底纹"对话框"底纹"选项卡

图 2-33 快捷菜单

（8）用公式计算表格中的每个省的男、女生总数。

先把光标定位在"合计"列的第二个单元格，选择"表格/公式"菜单命令，在弹出的"公式"对话框的"公式"文本框中输入"=sum(c2:f2)"，单击"确定"按钮，如图 2-34 所示。使用同样的方法计算其他单元格的值。

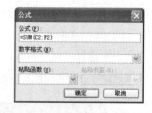

图 2-34 "公式"对话框

实验五 邮件合并

一、实验目的

通过使用邮件合并功能制作奖状，掌握邮件合并的使用方法。

二、实验内容

1. 创建"数据源"文件。
2. 创建主文档。
3. 合并文档。

三、实验步骤

（1）创建"数据源"文件。制作如图 2-35 所示的表格，保存为"邮件合并数据源.doc"。

（2）创建主文档。新建 Word 文档，制作奖状主文档，效果如图 2-36 所示。

姓名	学院	作品名称	获奖级别
韩　洪	信息工程学院	《妈妈的早餐》	一等奖
商小红	艺术学院	《春天在哪里》	二等奖
常蓬勃	信息工程学院	《飞雪》	二等奖
唯　娜	公管学院	《荷塘月色》	三等奖
钱晓燕	经贸学院	《过年》	三等奖

图 2-35　邮件合并源数据表

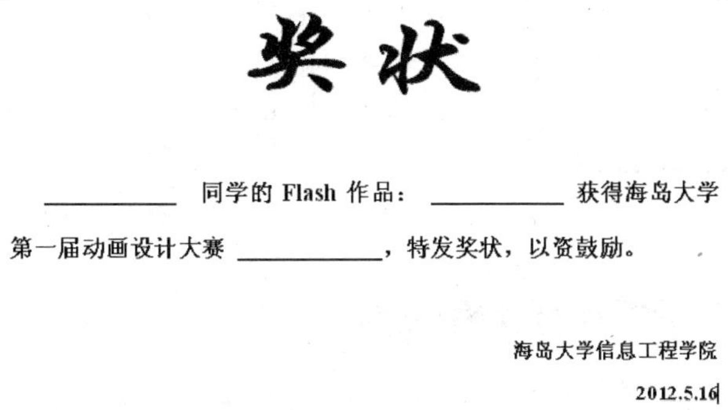

奖　状

_____ 同学的 Flash 作品： _____ 获得海岛大学

第一届动画设计大赛 _____，特发奖状，以资鼓励。

海岛大学信息工程学院

2012.5.16

图 2-36　创建主文档

（3）使用邮件合并功能把数据源中的数据插入到主文档中，生成一个名为 jz.doc 的新文档。

① 合并文档。选择"工具/信函与邮件/邮件合并"命令，打开"邮件合并"的任务窗格，如图 2-37 所示。进入邮件合并向导的六步骤之一：选择文档类型。选择"信函"，再单击"下一步"链接。

② 邮件合并的向导步骤二：选择开始文档。如图 2-38 所示，选择"使用当前文档"，单击"下一步"链接。

③ 邮件合并的向导步骤三：选择收件人。如图 2-39 所示，选择"使用现有列表"，并单击"浏览"按钮，弹出"选取数据源"对话框，如图 2-40 所示。选择数据源文件，单击"打开"按钮，出现如图 2-41 所示的"邮件合并收件人"对话框，单击"确定"按钮。

④ 邮件合并的向导步骤四：撰写信函。现将光标定位在姓名出现的位置，再选择步骤四"撰写信函"的"其他项目"，如图 2-42 所示，弹出"插入合并域"对话框，如图 2-43 所示。选择"姓名"，并单击"插入"按钮，再单击"取消"按钮，可以将姓名信息插入。再将光标定位在学院出

现的位置，插入方法相同，完成后的效果如图 2-44 所示。

图 2-37　选择开始文档

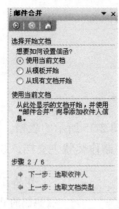
图 2-38　选择开始文档

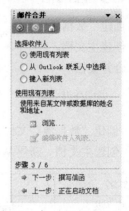
图 2-39　选择收件人

图 2-40　"选取数据源"对话框

图 2-41　"邮件合并收件人"对话框

图 2-42　撰写信函

图 2-43　"插入合并域"对话框

奖状

《学院》　《姓名》　同学的 Flash 作品：《作品名称》　获得海岛
大学第一届动画设计大赛 《获奖级别》，特发奖状，以资鼓励。

海岛大学信息工程学院
2012.5.16

图 2-44　插入合并域后主文档的效果

　　⑤ 邮件合并的向导步骤五：预览信函。这时在主文档中能够预览到插入合并域后的效果。如图 2-45 所示，单击图中 >> 按钮，可以预览到下一个奖状效果。

　　⑥ 邮件合并的向导步骤六：完成合并，如图 2-46 所示，单击"编辑个人信函"，弹出"合并到新文档"对话框，选择"全部"，并单击"确定"按钮。在新文档中将生成合并的所有奖状，邮件合并完成。最后合并效果如图 2-47 所示。

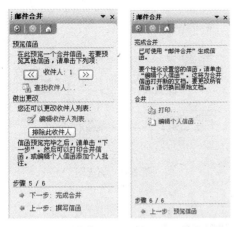

图 2-45　预览信函

图 2-46　完成合并

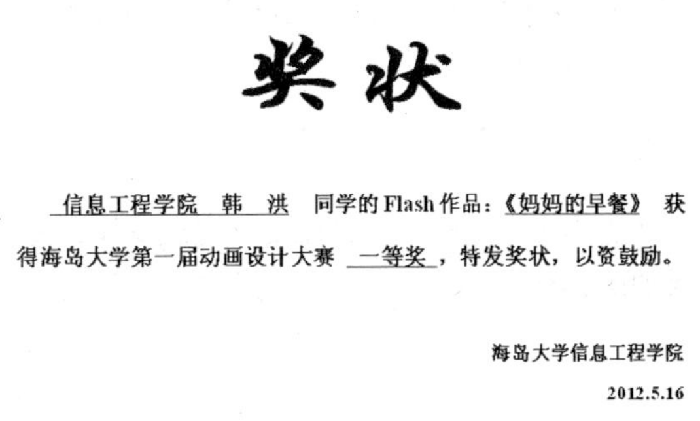

奖状

信息工程学院　韩　洪　同学的Flash作品：《妈妈的早餐》 获得海岛大学第一届动画设计大赛　一等奖，特发奖状，以资鼓励。

海岛大学信息工程学院

2012.5.16

图 2-47　邮件合并效果图

实验六　综合练习

综合练习一

打开素材文件夹中的“计算机等级考试报名须知.doc”文档，按要求完成操作，完成效果如图 2-48 所示。

全国计算机等级考试报名须知

全国计算机等级考试是由教育部考试中心主办，面向社会，用于考查应试人员计算机应用知识与技能的全国性计算机水平考试体系。2012年下半年全国计算机等级考试将于9月22日至9月24日进行。

一、报名办法：

本次报名统一实行网上报名加现场确认的办法。6月1日至6月25日考生凭本人有效身份证件号码登录江苏省教育考试院网上报名系统（wwwjseea.cn）报名并在线上传本人正面免冠彩色证件电子照片（规格：像素最小160*120，最大192*144）；6月24日至6月26日，已经进行过网上报名的考生须凭有效身份证件到网报时所选择的考点办理信息确认和缴费等手续。凡在规定时间内未到考点现场确认的考生视为自动放弃报名。报名日期截止后，不再办理补报名。

二、报名条件

考生不受年龄、职业、学历等背景限制，均可根据自己学习情况和实际能力选考相应的级别和科目。

三、报名考试费

根据省关于转发<省物价局、省财政厅关于核定高等教育自学考试有关收费及调整公共英语等级考试、计算机等级考试收费标准的函>的通知》（苏考委办〔2004〕60号）文件精神，全国计算机等级报名考试费，一级85元/人；二级、三级85元/人（其中笔试35元，上机考试50元）；四级95元/人。

四、考试等级(类别)和时间一览表

等级（类别）	代码	笔试时间（分钟）	上机时间（分钟）
一级B	13	无	90
一级WPS\Office	14	无	90
一级Ms\Office	15	无	90
二级（C）	24	90	90
二级（Visual Basic）	26	90	90
二级（Visual Fox Pro）	27	90	90
二级（JAVA）	28	90	90
二级（ACCESS）	29	90	90
二级（C++）	61	90	90
三级（PC技术）	33	120	60
三级（信息管理技术）	34	120	60
三级（网络技术）	35	120	60
三级（数据库技术）	36	120	60
四级网络工程师	41	120	无
四级数据库工程师	42	120	无

图 2-48　综合练习一效果图

（1）为文档添加标题：全国计算机等级考试报名须知。

（2）设置样式。名称“标题一”，黑体、四号、居中、段后 0.5 行，并应用于文档标题内容。

（3）把正文设置为楷体、小四号，首行缩进 2 字符，行距为最小值 13 磅。

（4）为“报名办法、报名条件、报名考试费、考试等级（类别）和时间一览表”设置项目编号“一、二、三、四”，并设置浅黄色底纹，图案样式：5%、酸橙色，应用文字。

（5）将第 1 段设置为首字下沉 2 行、隶书；第 3 段设置为 3 栏。

（6）将素材中图片文件 computer.jpg 插入到文档指定位置，并设置图片大小为高度 3.5 厘米、宽度 4 厘米。设置文本框的版式为四周型，移动到文档合适位置。

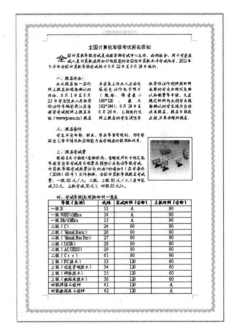

（7）设置页眉“计算机等级考试报名须知”，居中位置，并在页脚区的居中位置显示页码。

（8）将“四、考试等级(类别)和时间一览表”下面文字内容转换成表格。

（9）打开“边框和底纹”对话框，单击“页面边框”选项卡，在“设置”选项栏中选择边框线的种类，在“线型”列表框中选择边框线的形状，在“颜色”下拉列表中选择淡紫色，在“艺术型"下拉列表框中选择一种图形。注意这里的"应用范围"是"整篇文档"。

（10）在第二页绘制如图 2-49 所示的报考计算机等级考试流程图。

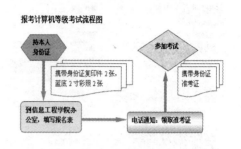

图 2-49　流程图

综合练习二

新建 Word 文档文档，按要求完成操作，完成效果如图 2-50 所示。

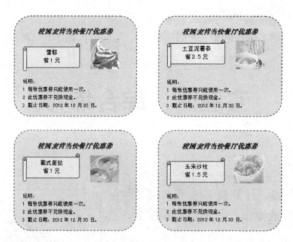

图 2-50　综合练习二效果图

（1）页面设置：页面设置为"横向"，上、下边距为 1.5 厘米，左、右边距为 2.5 厘米。

（2）插入自选图形"圆角矩形"，设置高度为 7 厘米、高度为 9 厘米，填充颜色为"茶色"，线条颜色为黑色、短画线、1 磅。

（3）在圆角矩形中添加文字"校园麦肯当快餐厅优惠券"，华文中宋、四号、蓝色、加粗、倾斜。

（4）插入一个 1 行 2 列的表格，设置表格的边框和底纹为"无"。

（5）在表格下方输入文字，设置字体格式为"宋体"、"5 号"，如图 2-50 所示。

（6）在表格第一个单元中插入"自选图形"中"星和旗帜"的"横卷形"，并添加文字，设置字体格式为"黑体"、"小四"。

（7）在表格第二个单元中中插入素材中的图形文件，根据单元格大小调整图片大小。

（8）对制作好的圆角矩形和横卷形进行复制，再得到 3 个相同的优惠券，进行编辑。

综合练习三

打开素材文件夹中的"博鳌亚洲论坛.doc"，按要求完成操作，完成效果如图 2-51 所示。

（1）制作艺术字。插入艺术字标题"博鳌亚洲论坛 2011 年年会"，字体为"华文行楷"，28 号字，加粗。

（2）插入图片。插入"年会"图片为"四周型"。

（3）加边框。为正文第三段文字添加边框，"方框"、"线型"为"虚线"，应用于"文字"。

图 2-51　段文档排版后效果

（4）分栏。为第四段文字分"两栏"，加"分隔线"。

（5）插入文本框。插入竖排文本框，添加文字"包容性发展：共同议程与全新挑战"，设置文本框为绿色线条，线型为"双线"。

（6）插入"自选图形"。插入自选图形"星与旗帜"中的"横卷型"，并"添加文字"，输入"Boao Forum For Asia Annual Conference 2011"，设置填充颜色为"黄色"。

综合练习四

毕业论文的排版

本科学生在毕业前需要完成写作并提交论文，毕业论文一般包括封面、摘要、关键字、目录、正文、参考文献等，封面页无页眉和页码，摘要页、目录页没有页眉有页码，页码是ⅠⅡⅢ的数字格式，正文有页眉和页码，页码是 1、2、3…数字格式。论文排版后的效果图如图 2-52 所示。

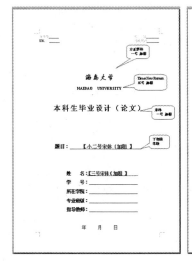

图 2-52　毕业论文排版图样

1. 设置封面

（1）新建一个"空白文档"，以"毕业论文.doc"为文件名保存。

（2）设置"页边距"，参数如图 2-53 所示。

（3）在页面设置对话框中，切换到"版式"选项卡，设置参数如图 2-54 所示。

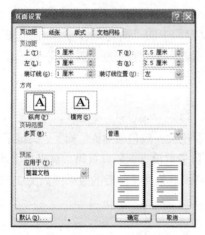

图 2-53　设置"页边距"

图 2-54　设置"版式"

（4）在新建文档的第一页输入文本，并进行格式设置，如图 2-52 所示。

（5）选择"插入/分隔符"菜单命令，在弹出的"分隔符"对话框中选择"分节符类型"中的"下一页"单选按钮，如图 2-55 所示。

"节"可以实现文档中设置不同的页面格式，结合毕业论文的格式要求，将论文分成 3 个节，如图 2-56 所示。如果设置错误，需要删除分节符，选择"视图/普通"菜单命令，在普通视图中将看到分节符标记，选中分节符标记并单击鼠标右键，选择"剪切"命令即可删除分节符。

2．设置论文摘要

（1）选定"摘要"文本，设置字体"黑体"、"三号"、"加粗"、"居中"。英文"Abstract"字体为"Times New Roman"。

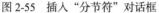

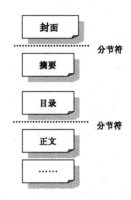

图 2-55　插入"分节符"对话框　　　　图 2-56　插入"分节符"示意图

（2）选定摘要正文文本，设置字体为"楷体"、"小四号"，选择"格式/锻落"菜单命令，设置"首行缩进 2 字符"、行间距为"1.5 倍"。英文部分设置同上。

（3）将光标插入点定位到文章末尾，选择"插入/分隔符"菜单命令，在弹出的"分隔符"对话框中选择"分页符"单选按钮，单击"确定"按钮，将"论文摘要"设置为独立一页。

3．设置样式和格式

（1）选择"格式/样式"菜单命令，打开"样式和格式"任务窗格，再单击该任务窗格中的"新样式"按钮，打开"新样式"对话框，在"名称"文本框中输入新样式的名称"标题 1"。在"样式类型"下拉列表框中选择"字体"，设置"黑体"、"小二"、"加粗"、"居中"。

（2）选择"格式"，在下拉菜单中选择"编号"，在弹出的"项目符号和编号"中单击 自定义(T)... 按钮，设置参数如图 2-57 所示，单击"确定"按钮。

（3）按此方法设置"标题 2"样式为"黑体"、"小三"、"加粗"、"左对齐"；"标题 3"样式为"宋体"、"四号"、"加粗"、"左对齐"；"正文"样式为"宋体"、"小四"、"首行缩进 2 字符"、"行间距 1.3 倍"。

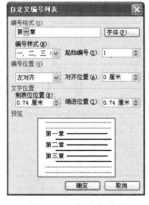
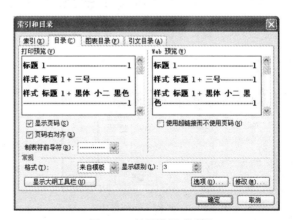

图 2-57　自定义编号　　　　　　　　图 2-58　目录设置对话框

4. 应用样式

在文档中输入论文内容，选定要应用样式的文本，再单击"格式"工具栏的"样式"下拉列表，选择相应的样式，将论文内容分别应用到建立好的样式。

5. 生成目录

将光标定位到"摘要"后一页，输入"目录"二字，按回车键，选择"插入/引用/索引和目录"菜单命令，打开"索引和目录"对话框，选择"目录"选项卡，在"制表符前导符"下拉列表中可以选择前导符号，在"显示级别"中选择3级，单击"确定"按钮即可，如图2-58所示。在"目录"页的结尾插入"分节符（下一页）"，全文被节分成3个部分。

6. 添加页眉和页码

（1）选择"视图/页眉页脚"菜单命令，在"偶数页页眉"区域输入"基于无线网络的码头监控系统的实现"，设置字体格式为"黑体"、"小五"、"居中"。

图2-59　页眉的设置

（2）单击"页眉和页脚"工具栏上的"显示下一项"按钮，切换到"奇数页页眉"区域，输入"海岛大学本科毕业设计（论文）"，设置字体同上，如图2-59所示。

（3）设置摘要页码。将光标定位在"摘要"页，选择"插入/页码"菜单命令，设置如图2-60所示。单击"格式"按钮，设置"数字格式"，单击"确定"按钮，再单击"确定"按钮。设置完成后，在页面页脚处添加了罗马数字页码。

（4）设置目录页码。将光标定位在"目录"页，选择"插入/页码"菜单命令，在"页码格式"对话框中的"页面编排"栏中选择"续前节"单选按钮。这样目录页也设置了连续编排的罗马数字，如图2-61所示。

（5）设置正文页码。将光标定位在正文页，选择"插入/页码"菜单命令，在"页码格式"中选择阿拉伯数字。

图2-60　"页码"对话框

图2-61　页码格式的设置

第3章
"电子表格软件 Excel 2003" 实验

实验一　Excel 2003 基本操作

一、实验目的

通过实验掌握电子表格中工作表、行、列等基本的操作。

二、实验内容

1. 工作表的插入、重命名、删除、复制、移动。
2. 行列的插入及删除。
3. 自动填充及自定义序列。
4. 选择性粘贴的使用及批注的插入。

三、实验步骤

打开 D:\source\excel-1.xls，完成如下操作。

（1）在工作表 Sheet1 前插入一张新的工作表，将工作表 Sheet1 重命名为"成绩表"，将工作表 Sheet2 删除，并将工作表 Sheet3 复制到"成绩表"前。

操作方法如下。

① 选择 Sheet1 工作表，选择"插入/工作表"菜单命令，如图 3-1 所示。

或者在 Sheet1 工作表标签处单击鼠标右键，在弹出的快捷菜单中选择"插入"命令，如图 3-2 所示。在弹出对话框的"常用"标签里选择"工作表"，然后单击"确定"按钮。

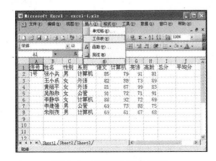

图 3-1　工作表插入菜单

图 3-2　工作表快捷插入菜单

② 在 Sheet1 工作表标签处单击鼠标右键，在弹出的快捷菜单中选择"重命名"命令，在选中的工作表标签处输入"成绩表"，然后按回车键即可。

③ 在 Sheet2 工作表标签处单击鼠标右键，在弹出的快捷菜单中选择"删除"命令即可删除该工作表。

④ 在 Sheet3 工作表标签处单击鼠标右键，在弹出的快捷菜单中选择"移动或复制工作表"命令，在弹出对话框的"下列选定工作表之前"列表中选择"成绩表"，选中"建立副本"复选框，然后单击"确定"按钮，如图 3-3 所示。

图 3-3 "移动或复制工作表"对话框

选中"建立副本"复选框时为复制工作表，否则为移动工作表。

（2）在 Sheet3 工作表的"平均分"列前插入一列，删除第 7 行。

操作方法如下。

① 在 Sheet3 工作表的"平均分"列号上单击鼠标右键，在弹出的快捷菜单中选择"插入"命令即可，如图 3-4 所示。

图 3-4 列的快捷插入

② 在第 7 行的行号上单击鼠标右键，在弹出的快捷菜单中选择"删除"命令即可删除此行。

（3）应用自动填充将"成绩表"的"序号"列数据填充完整，并把刚才填充好的数据设置为自定义序列。

操作方法如下。

① 将鼠标指针移至 A2 单元格右下角，当指针变成黑色实心"十"字形时，双击鼠标或向下拖曳鼠标即可，如图 3-5 所示。

② 把刚才输入的数据全部选中（即 A2:A8），选择"工具/选项"菜单命令，在"自定义序列"选项卡中单击"导入"按钮，所输入的序号便存放到了自定义序列中，如图 3-6 所示。

可以在自定义序列的"输入序列"列表中对数据进行修改或添加，单击"删除"按钮则把选中的自定义序列删除。

（4）利用选择性粘贴将"成绩表"中所有学生的语文分数都加上 5 分；在总分单元格和平均分单元格插入批注，分别为"各科总分成绩"和"各科平均成绩"。

图 3-5　自动填充

图 3-6　自定义序列

操作方法如下。

①　先在任意空白单元格处输入 5，再一次选中这个单元格后选择"复制"，然后再选中语文分数所在的单元格区域（即 E2:E8），单击鼠标右键，在弹出的快捷菜单中选择"选择性粘贴"命令，在弹出的对话框中选择"运算"栏中的"加"单选按钮，单击"确定"按钮完成操作，如图 3-7 所示。

②　在"总分"单元格 I1 上单击鼠标右键，在弹出的快捷菜单中选择"插入批注"命令，输入"每个学生各科总分成绩"，然后按回车键即可，如图 3-8 所示。平均分单元格的批注操作参考总分单元格批注的插入。

图 3-7　选择性粘贴

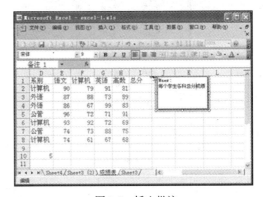

图 3-8　插入批注

修改批注内容的方法是右击批注所在的单元格，从弹出的快捷菜单中选择"编辑批注"命令，就可以对批注内容进行修改；从单元格中清除批注的方法是先选择批注所在的单元格，再选择"编辑/清除/批注"菜单命令即可。

实验二　公式和函数的使用

一、实验目的

通过本实验的练习，要求能够熟练掌握电子表格中常用函数的使用。

二、实验内容

1. SUM 求和函数。
2. AVERAGE 平均函数。
3. IF 条件函数。
4. MAX 最大值函数。
5. MIN 最小值函数。
6. COUNT 及 COUNTIF 函数。
7. DATE 和 TIME 函数。
8. 公式的使用（绝对引用）。

三、实验步骤

打开 D:\source\excel-2.xls（见图 3-9），完成下面的操作。

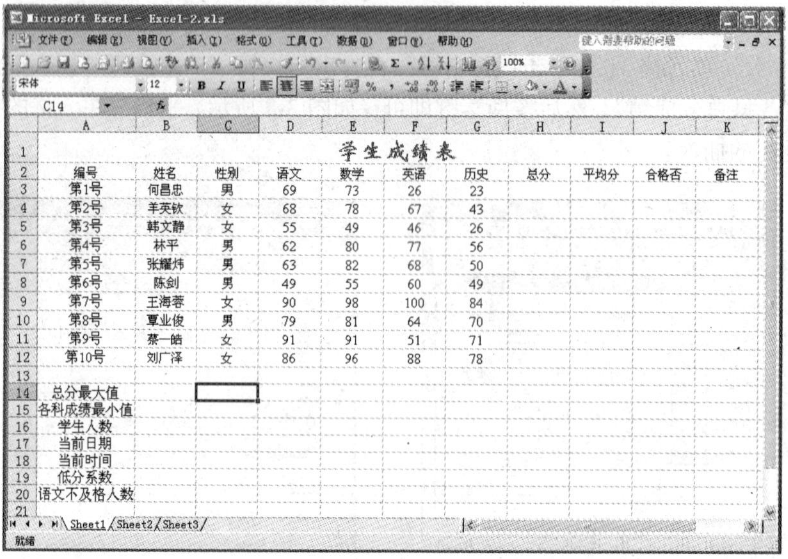

	A	B	C	D	E	F	G	H	I	J	K
1	学生成绩表										
2	编号	姓名	性别	语文	数学	英语	历史	总分	平均分	合格否	备注
3	第1号	何昌忠	男	69	73	26	23				
4	第2号	羊英钦	女	68	78	67	43				
5	第3号	韩文静	女	55	49	46	26				
6	第4号	林平	男	62	80	77	56				
7	第5号	张耀炜	男	63	82	68	50				
8	第6号	陈剑	男	49	55	60	49				
9	第7号	王海蓉	女	90	98	100	84				
10	第8号	覃业俊	男	79	81	64	70				
11	第9号	蔡一皓	女	91	91	51	71				
12	第10号	刘广泽	女	86	96	88	78				
13											
14	总分最大值										
15	各科成绩最小值										
16	学生人数										
17	当前日期										
18	当前时间										
19	低分系数										
20	语文不及格人数										
21											

图 3-9　Excel-2.xls 窗口

（1）在总分一列求出每位同学的总分成绩。

操作方法如下。

方法一：选定单元格 H3，在编辑栏中直接输入公式“=D3+E3+F3+G3”或输入函数“=SUM（D3:G3）”；然后按回车键确认即可求出第一条记录的总分成绩；最后用自动填充的方法求出其他同学的总分成绩。

方法二：选定单元格 H3，在“常用”工具栏中选择 Σ 按钮，选择要进行求和的数据区域“D3:G3”；然后按回车键确认即可求出第一条记录的总分成绩；最后用自动填充的方法求出其他同学的总分成绩。

方法三：选定单元格 H3，选择“插入/函数”菜单命令，在弹出的对话框中选择常用函数 SUM，如图 3-10 所示；单击“确定”按钮，将弹出 SUM 函数参数选择对话框，如图 3-11 所示；单击 Number1 后面的红色按钮使选项板收缩，重新选择数据区域“D3:G3”，再单击红色按钮使选项板还原；单击"确定"按钮即可完成第一条记录的总分成绩；最后用自动填充的方法求出其他同学的总分成绩。

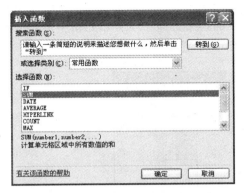

图 3-10　"插入函数"对话框　　　　　图 3-11　"函数参数"对话框

（2）在平均分一列求出每位同学的平均成绩。

操作方法如下。

方法一：选定单元格 I3，在编辑栏中直接输入公式"=(D3+E3+F3+G3)/4"或输入函数"=AVERAGE（D3:G3）"；然后按回车键确认即可求出第一条记录的平均分；最后用自动填充的方法求出其他同学的平均分。

方法二：与 SUM 函数的方法三操作相似，只要选择 AVERAGE 函数即可。

（3）使用 IF 条件函数，在"合格否"一列中求出平均分大于或等于 60 分的为合格，小于 60 分的为不合格；根据数学成绩在备注列给出评价，若数学成绩大于等于 80 分评为优良，小于 80 分且大于等于 60 分评为合格，若小于 60 分评为不合格。

操作方法如下。

① 选定单元格 J3，选择"插入/函数"菜单命令，在弹出的对话框中选择常用函数 IF；单击"确定"按钮，将弹出 IF 函数参数选项对话框，分别在各参数框里输入内容，如图 3-12 所示；单击"确定"按钮即可求出第一条记录的合格否设置，最后用自动填充的方法求出其他的设置。

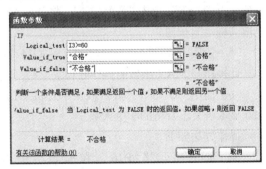

图 3-12　IF 函数公式选项对话框的设置

因为本题有 3 个条件，所以需要用两个 IF 函数嵌套使用。

② 选定单元格 K3，选择"插入/函数"菜单命令，在弹出的对话框中选择常用函数 IF；单击"确定"按钮，将弹出 IF 函数参数选项对话框，在 Logical_test 框中输入 E3>=80，在 Value_if_true 框中输入"优良"，将插入点定位在 Value_if_false 框中，单击"编辑栏"左边的"IF"函数按钮，弹出嵌套的 IF 函数参数选项对话框，又在 Logical_test 框中输入 E3>=60，在 Value_if_true 框中输入"合格"、在 Value_if_false 框中输入"不合格"，单击"确定"按扭。

在 IF 函数里如果输入字符型数据，则要用双引号，该双引号必须是英文状态下输入，否则不会输出正确的结果。

也可以使用直接输入函数的方法得出 IF 函数的结果，即在 K3 单元格中输入函数：=IF(E3>=80,"优良",IF(E3>=60,"合格","不合格"))，如图 3-13 所示。

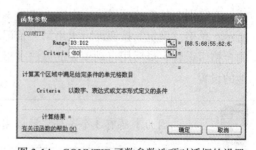

图 3-13　直接输入 IF 函数所得结果

（4）使用 MAX 最大值函数在 H14 单元格中显示总分的最大值。

操作方法如下。

选定单元格 H14，选择"插入/函数"菜单命令，在弹出的对话框中选择函数类别为"全部"，函数名为"MAX"；单击"确定"按钮，将弹出 MAX 函数参数选项对话框，选择数据区域"H3:H12"，单击"确定"按钮。

（5）使用 MIN 最小值函数在 D15～G15 单元格中显示各科成绩的最小值。

此操作与 MAX 函数的操作相似。

（6）使用 COUNT 计数函数在单元格 B16 中显示学生人数，使用 COUNTIF 函数在单元格 B20 显示语文不及格的学生人数。

操作方法如下。

① 选定单元格 B16，在编辑栏中输入"=COUNT(D3:D12)"，按回车键即可。

② 选定单元格 B20，选择"插入/函数"菜单命令，在弹出的对话框中选择全部函数 COUNTIF；单击"确定"按钮，将弹出 COUNTIF 函数参数选项对话框，分别在各参数框里输入内容，如图 3-14 所示，单击"确定"按钮。

图 3-14　COUNTIF 函数参数选项对话框的设置

计数函数指的是计算数值型数据的个数。本题利用 COUNT 函数求出语文成绩的个数便可知道学生的总人数。

（7）DATE 和 TIME 函数的使用。

① 日期函数的使用：在单元格 B17 中输入当前日期"2012 年 3 月 8 日"。

操作方法：选定单元格 B17，在编辑栏中输入“=DATE（2012,3,8）”，按回车键即可。

注意 单元格 B17 中显示的结果为“2012−3−8”，可以通过选择“格式/单元格”菜单命令，在数字标签中选择日期为其他的显示类型。

② 时间函数的使用：在单元格 B18 中输入当前时间“9 时 15 分 35 秒”。

操作方法：选定单元格 B18，在编辑栏中输入“=TIME（9，15，35）”，按回车键即可。

注意 单元格 B18 中显示的结果为“9:15 AM”，可以通过选择“格式/单元格”命令，在数字标签中选择时间为其他的显示类型。

（8）使用公式在 D19 ~ G19 单元格中求出各科目的低分系数，低分系数=（单科最低分 ÷ 总人数）× 10%（结果用百分比表示）。

操作方法：选定单元格 D19，在编辑栏中输入“=(D15/B16)*10%”，最后用自动填充的方法求出其他科目的低分系数。

提示 本题公式中加上$符号，表示对单元格的绝对引用。

本实验完成后的表格结果如图 3-15 所示。

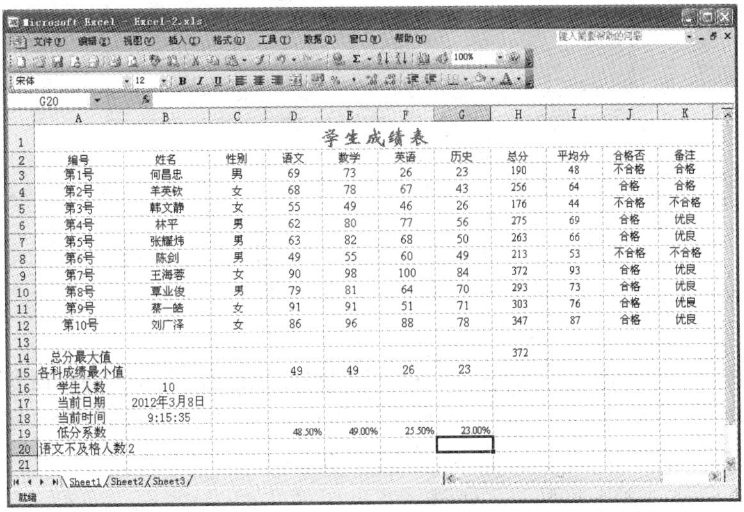

	A	B	C	D	E	F	G	H	I	J	K
1	学生成绩表										
2	编号	姓名	性别	语文	数学	英语	历史	总分	平均分	合格否	备注
3	第1号	何昌忠	男	69	73	26	23	190	48	不合格	合格
4	第2号	羊英钦	女	68	78	67	43	256	64	合格	合格
5	第3号	韩文静	女	55	49	46	26	176	44	不合格	不合格
6	第4号	林平	男	62	80	77	56	275	69	合格	优良
7	第5号	张耀炜	男	63	82	68	50	263	66	合格	优良
8	第6号	陈剑	男	49	55	60	49	213	53	不合格	不合格
9	第7号	王海蓉	女	90	98	100	84	372	93	合格	优良
10	第8号	覃业俊	男	79	81	64	70	293	73	合格	优良
11	第9号	蔡一皓	女	91	91	51	71	303	76	合格	优良
12	第10号	刘广泽	女	86	96	88	78	347	87	合格	优良
13											
14	总分最大值							372			
15	各科成绩最小值			49	49	26	23				
16	学生人数	10									
17	当前日期	2012年3月8日									
18	当前时间	9:15:35									
19	低分系数			48.50%	49.00%	25.50%	23.00%				
20	语文不及格人数	2									
21											

图 3-15　函数使用后的表格

实验三　工作表的格式化

一、实验目的

通过本实验的练习，要求能够熟练掌握 Excel 2003 的各种格式设置。

二、实验内容

1. 掌握在工作表中进行单元格格式的设置。
2. 掌握工作表中行、列格式的设置。
3. 掌握条件格式的设置。
4. 了解自动套用格式的设置。

三、实验步骤

打开 D:\source\excel-3.xls（见图 3-16），完成下面的操作。

1. 单元格格式的设置

（1）设置标题格式：将标题"元享集团销售情况统计表（万元）"设置为隶书、黄色、加粗、20 号字体，并且选择相应的区域进行合并居中操作。

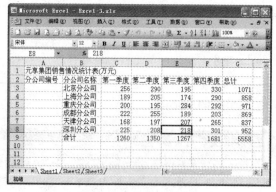

图 3-16　Excel-3.xls 窗口

操作方法如下。

① 选定单元格 A1；选择"格式/单元格"菜单命令，在弹出的"单元格格式"对话框中选择"字体"标签，设置字体为"隶书"，颜色为"黄色"，字形为"加粗"，字号为"20"，如图 3-17 所示；单击"确定"按钮。

② 在数据表格中选择合并标题的区域 A1:G1；选择"格式/单元格"菜单命令，在弹出的"单元格格式"对话框中选择"对齐"标签，设置水平对齐为"居中"，垂直对齐为"居中"，选中"合并单元格"复选框，如图 3-18 所示；单击"确定"按钮。

图 3-17　"字体"标签对话框的设置

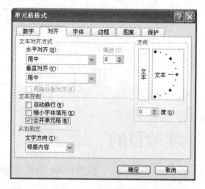

图 3-18　"对齐"标签对话框的设置

（2）设置"文本"单元格格式：将"分公司编号"一列按"001、002、003…"递增顺序进行编写。

提示 在输入之前先将单元格设置为"文本"的格式。

操作方法如下。

① 选择单元格 A3；然后选择"格式/单元格"菜单命令，在弹出的"单元格格式"对话框中选择"数字"标签；在"分类"列表框里选择"文本"，如图 3-19 所示；单击"确定"按钮。

② 在 A3 单元格输入 001，接着用自动填充的方法进行下面的编号输入。

（3）设置边框和底纹：将统计表的数据区域设置成红色加粗外框线、蓝色细内框线，并将底纹设置成灰色。

操作方法如下。

① 选中数据区域 A2:G9；选择"格式/单元格"菜单命令，在弹出的对话框中选择"边框"标签；在线条样式里选择粗线条，颜色为红色，再选择"外边框"按钮；在线条样式里继续选择细线，颜色为蓝色，再选择"内部"按钮，完成边框设置，如图 3-20 所示。

图 3-19 "数字"选项卡

图 3-20 "边框"选项卡

② 在"单元格格式"对话框中选择"图案"标签，在单元格底纹颜色里选择灰色，完成底纹设置，如图 3-21 所示；单击"确定"按钮。

以上单元格格式设置完成后的效果如图 3-22 所示。

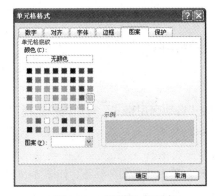

图 3-21 "图案"选项卡

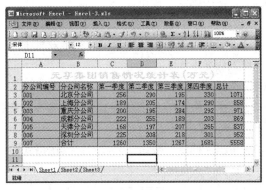

图 3-22 格式设置完后的表格

2. 行、列格式的设置

将统计表所在的数据区域的单元格的行高设置为20，列宽设置为12。

操作方法如下。

（1）选择数据区域A1:G9；选择"格式/行/行高"菜单命令，弹出"行高"对话框，如图3-23所示，在"行高"文本框中输入"20"，单击"确定"按钮。

（2）选择数据区域A1:G9；选择"格式/列/列宽"命令，弹出"列宽"对话框，如图3-24所示，在"列宽"文本框中输入"12"，单击"确定"按钮。

图3-23　"行高"对话框　　　　　　　图3-24　"列宽"对话框

3. 条件格式的设置

在统计表中将所有大于300的值设置为红色加粗，小于200的值设置为蓝色加粗。

操作方法如下。

（1）选择数据区域C3:G9。

（2）选择"格式/条件格式"菜单命令，在弹出的"条件格式"对话框的"条件1"栏中分别设置条件为"单元格数值"、"大于"、"300"；单击"格式"按钮，将字体设置为红色加粗，如图3-25所示。

（3）单击"添加"按钮，在条件2栏中分别设置条件为"单元格数值"、"小于"、"200"；单击条件2栏中的"格式"按钮，将字体设置为蓝色加粗，如图3-26所示。

图3-25　"条件格式"对话框之条件1的设置　　　图3-26　"条件格式"对话框之条件2的设置

（4）单击"确定"按钮。

4. 自动套用格式的设置

将统计表所在的表格区域套用"三维效果1"格式并去掉网格线。

操作方法如下。

（1）选择数据区域A2:G9。

（2）选择"格式/自动套用格式"菜单命令，在弹出的"自动套用格式"对话框中选择"三维效果1"格式，如图3-27所示。

（3）单击"确定"按钮，完成自动套用格式的设置。

（4）选择"工具/选项"菜单命令，弹出"选项"对话框，单击"视图"标签，如图3-28所示，在"窗口选项"栏中不选中"网格线"复选框，单击"确定"按钮。最后的效果如图3-29所示。

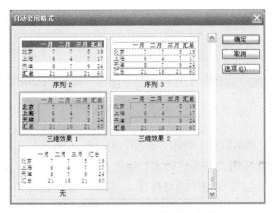

图 3-27 "自动套用格式"对话框

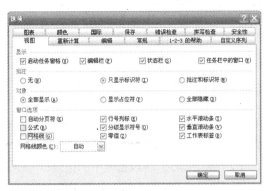

图 3-28 去掉工作表中的网格线

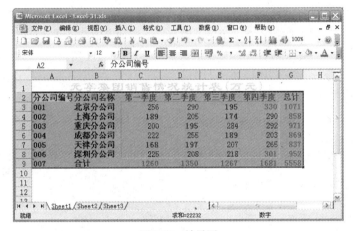

图 3-29 效果图

实验四 数据管理与分析

一、实验目的

通过实验掌握排序、筛选、分类汇总等数据分析的方法。

二、实验内容

1. 掌握数据排序的方法。
2. 掌握数据筛选的方法。
3. 掌握分类汇总的方法。
4. 了解数据的合并计算。

三、实验步骤

打开 D:\source\excel-4.xls，完成数据排序、筛选以及分类汇总操作。

1. 数据排序

（1）简单排序：将数据表中的记录按"总分"降序排序。

方法一：使用按钮。

单击"总分"所在列中的任一单元格，然后单击"常用"工具栏中的"降序"按钮 ZA↓ 即可完成操作。操作结果如图 3-30 所示。

方法二：使用命令。

单击数据表内任一单元格，选择"数据/排序"菜单命令，弹出"排序"对话框，在"主要关键字"下拉列表中选择"总分"，选中"降序"单选按钮，单击"确定"按钮。

（2）复杂排序：将数据表中的记录以"性别"为主要关键字递增排序、"总分"为次要关键字递减排序、"计算机"为第三关键字降序排序。

操作方法：单击数据表内任一单元格，选择"数据/排序"命令，弹出"排序"对话框，在"主要关键字"下拉列表中选择"性别"，选中"降序"单选按钮；在"次要关键字"下拉列表中选择"总分"，选中"降序"单选按钮；在"第三关键字"下拉列表中选择"计算机"，选中"降序"单选按钮；单击"确定"按钮完成操作。复杂的数据排序如图 3-31 所示。

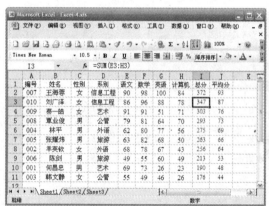

图 3-30 简单的数据排序

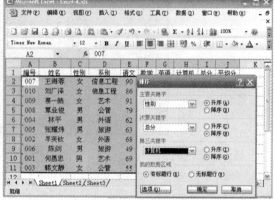

图 3-31 复杂的数据排序

默认情况下，汉字的排序是以拼音字母次序排序。

排序时，不能选择排序关键字所在的一列或多列。

2. 数据筛选

（1）自动筛选：在 Sheet1 工作表中筛选出所有英语分数大于 60 分且小于 90 分的男生的记录，并将筛选记录复制到 Sheet2 工作表中。

操作方法如下。

① 单击数据表内任一单元格，选择"数据/筛选/自动筛选"菜单命令，单击列名"性别"单元格的下拉列表框按钮，在弹出菜单中选择"男"。

② 单击列名"英语"单元格的下拉列表框按钮，选择"自定义"，弹出"自定义自动筛选方式"对话框，如图 3-32 所示。单击第一行左边下拉列表框按钮，选择"大于"，在右边下拉列表

中输入"60"，然后选择单选按钮"与"；单击第二行左边下拉列表框按钮，选择"小于"，在右边下拉列表中输入"90"，最后单击"确定"按钮。将筛选记录复制到 Sheet2 工作表中完成操作，并在 Sheet1 工作表中恢复全部学生记录。

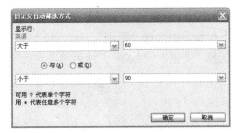

图 3-32　自动筛选的数值设定

 要恢复到筛选前的操作，只需再次选择"数据/筛选/自动筛选"命令即可（"自动筛选"前面的勾会随之去掉）。

（2）高级筛选：在 Sheet1 工作表中筛选出所有计算机成绩大于 80 分的女生记录和总分大于 250 分的男生记录，并将筛选记录复制到 Sheet3 工作表中。

操作方法如下。

① 先在数据表外任意区域输入要筛选的条件，如图 3-33 所示，在 D13:F15 的区域内输入筛选条件。

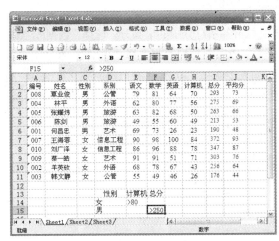

图 3-33　设置高级筛选的条件

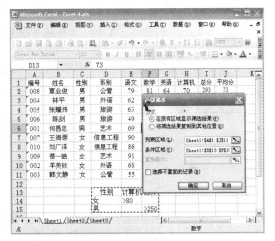

图 3-34　高级筛选中数据区域、条件区域的选择

② 单击数据表内任一单元格，选择"数据/筛选/高级筛选"菜单命令，在弹出的"高级筛选"对话框中选择要筛选的数据区域（一般情况下系统会默认选择数据表区域），再选择条件区域（D13:F15），然后单击"确定"按钮即可，如图 3-34 所示。将筛选记录复制到 Sheet3 工作表，并在 Sheet1 工作表中恢复全部学生记录。

3. 分类汇总

在 Sheet1 工作表中利用分类汇总显示各专业学生的英语和数学的平均成绩以及总分中的最高分。

操作方法如下。

（1）按各专业对数据表排序。单击"系别"单元格，再单击"常用"工具栏上的"升序"按钮 （或选择"数据/排序"命令，主要关键字选择"系别"）。

 在分类汇总之前，一定要对汇总的"分类字段"进行排序（升、降排序均可），把同类数据排在一起。

（2）分类汇总。选择"数据/分类汇总"菜单命令，弹出"分类汇总"对话框，在"分类字段"下拉列表中选择"系别"，在"汇总方式"下拉列表中选择"平均值"，在"选定汇总项"列表中选择"英语"、"数学"，然后单击"确定"按钮，如图3-35所示。

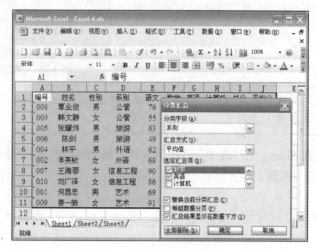

图3-35　分类汇总的数据设置

（3）分类汇总的叠加。在上一步骤的基础上再汇总出各系总分中的最高分。选择"数据/分类汇总"菜单命令，弹出"分类汇总"对话框，在"分类字段"下拉列表中选择"系别"，在"汇总方式"下拉列表中选择"最大值"，在"选定汇总项"列表中选择"总分"（并取消原来"英语"、"高数"的选择）。单击"替换当前分类汇总"，去掉前面的勾，然后单击"确定"按钮，如图3-36所示。

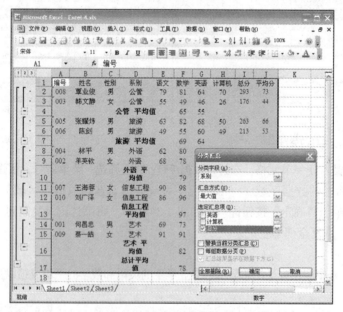

图3-36　分类汇总的叠加

要恢复回到汇总前的操作，选择"数据/分类汇总"命令，在弹出的"分类汇总"对话框中单击"全部删除"按钮即可。

4. 合并计算

打开 d:\source\excel-44.xls，把一月、二月、三月的数据合并，完成季表的计算。

操作方法如下。

（1）插入一张新的工作表，命名为"季表"，把"一月"工作表中的相关数据复制到"季表"中，如图 3-37 所示。

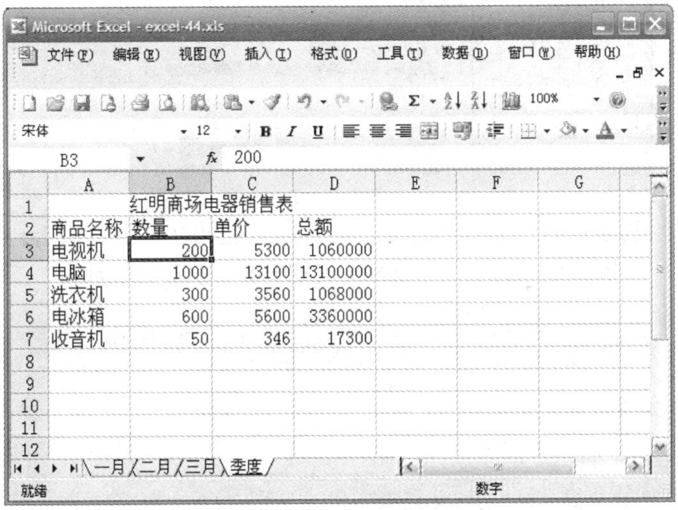

图 3-37 "季表"中的初始数据

（2）单击"季表"中的 B3 单元格，选择"数据/合并计算"菜单命令，弹出"合并计算"对话框，在"函数"下拉列表中选择"求和"，如图 3-38 所示。

图 3-38 在"季表"中选择"合并计算"命令

（3）将鼠标定位于"引用位置"文本框中，单击"一月"工作表标签，然后用鼠标选择"B3:B7"中的数据，单击"添加"按钮，如图 3-39 所示。

（4）同理，单击"二月"工作表标签，再单击"添加"按钮；单击"三月"工作表标签，再单击"添加"按钮；最后单击"确定"按钮，即可得出如图 3-40 所示的合并计算结果。

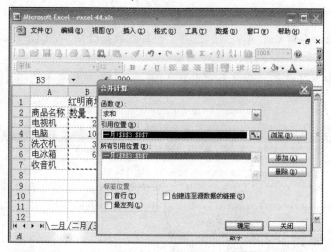

图 3-39　在"一月"中选择"合并计算"的引用数据区域

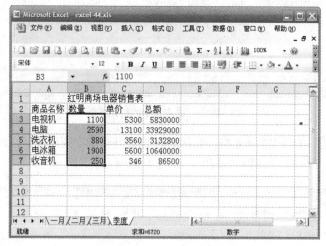

图 3-40　合并计算结果

实验五　图表的建立与编辑

一、实验目的

掌握利用电子表格数据生成不同类型的图表以及对图表进行格式化。

二、实验内容

1. 创建图表（根据统计表生成图表）。
2. 编辑图表。

三、实验步骤

打开 D:\source\excel-5.xls ，完成如下操作。

1. 创建图表

在数据表下方生成每位同学的语文成绩和英语成绩的柱形图。

操作方法如下。

（1）选择数据区域。需要选择的区域为 B2:B12、D2:D12 和 F2:F12。首先选中区域 B2:B12，按住 Ctrl 键，同时用鼠标选择区域 D2:D12 和 F2:F12，如图 3-41 所示。

图 3-41　选择数据区域

（2）选择图表类型。选择"插入/图表"菜单命令（或单击"常用"工具栏中的"图表向导"按钮），弹出"图表向导-4 步骤之 1-图表类型"对话框，选择所需图表类型，本例选择默认的柱形图，如图 3-42 所示。单击"下一步"按钮，在如图 3-43 所示的"图表向导-4 步骤之 2-图表源数据"对话框中可选择改变图表的数据区域。

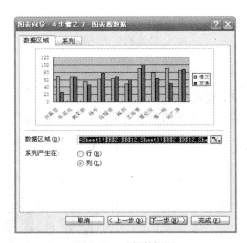

图 3-42　选择图表类型　　　　　　　　　　　图 3-43　选择数据源

（3）设置图表选项。单击"下一步"按钮，弹出如图 3-44 所示的"图表向导-4 步骤之 3-图表选项"对话框，在此可以设置图表的标题、坐标轴、网格线等选项，本例设置图表标题为"语文、英语两科成绩表"。

（4）设置图表的位置。单击"下一步"按钮，弹出如图 3-45 所示的"图表向导-4 步骤之 4-图表位置"对话框，在此可设置图表的位置，本例保持默认选项，直接单击"完成"按钮即可。最后结果如图 3-46 所示。

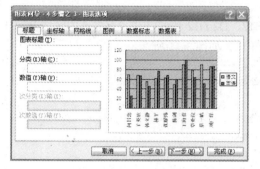

图 3-44　设置图表选项　　　　　　　　　图 3-45　设置图表位置

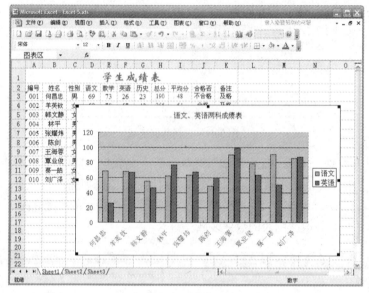

图 3-46　各科成绩柱形图

2. 编辑图表

将上例中的图表格式化，放置于 Sheet2 工作表中。图表格式化后的结果如图 3-47 所示。

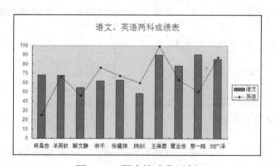

图 3-47　图表格式化示例

（·1）改变图表类型。

操作方法：如图 3-48 所示，在图表区单击鼠标右键，选择"图表类型"命令（或在 Sheet1

中选中图表，选择"图表/图表类型"菜单命令），在"图表类型"对话框中选择自定义类型选项卡，选择所需图表类型，本例选择线—柱图，如图 3-49 所示，然后单击"确定"按钮。

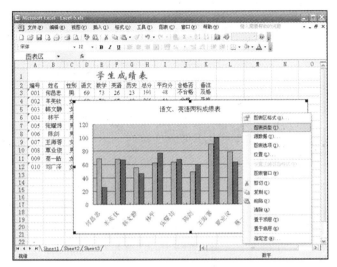

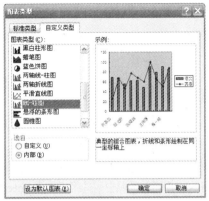

图 3-48　改变图表类型　　　　　　　　　　图 3-49　图表类型——自定义类型

（2）改变绘图区填充颜色。

操作方法：双击绘图区（或单击鼠标右键，选择"绘图区格式"命令），打开"绘图区格式"对话框（见图 3-50），选择"区域"框中的颜色为淡紫色，然后单击"确定"按钮。

（3）改变刻度数值。

操作方法：双击数值轴（或在数值轴上单击鼠标右键，选择"坐标轴格式"命令），弹出"坐标轴格式"对话框，选择"刻度"标签，将"最大值"设为"100"，"主要刻度单位"设为"10"，如图 3-51 所示，然后单击"确定"按钮。

（4）字体设置。

操作方法：双击分类轴（或在分类轴上单击鼠标右键，选择"坐标轴格式"命令），弹出"坐标轴格式"对话框，选择"字体"标签，字号设为"10"，然后单击"确定"按钮。字体变小后文本可呈水平排列。双击图表标题，弹出"图表标题格式"对话框，选择"字体"标签，字号设为"16"，然后单击"确定"按钮。

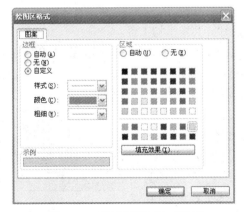

图 3-50　"绘图区格式"对话框　　　　　　图 3-51　"坐标轴格式"对话框

（5）改变图表位置。

操作方法：在图表区单击鼠标右键，选择"位置"命令（或在 Sheet1 中选中图表，选择"图表/位置"命令），弹出"图表位置"对话框，如图 3-52 所示，在"作为其中的对象插入"下拉列表中选择 Sheet2，单击"确定"按钮。

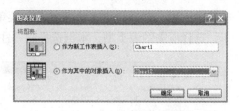

图 3-52　"图表位置"对话框

实验六　综合练习

要求：在 D:\ source 文件夹中打开 excel-6.xls，进行如下操作，并以"职工工资表"为文件名，另存在 source 文件夹内。

（1）在工作表 Sheet3 后面增加一个工作表 Sheet4，将工作表 Sheet1 的内容分别复制到 Sheet2、Sheet3、Sheet4 相同的区域中，并将工作表 Sheet1 改名为"工资表 1"，将工作表 Sheet2 改名为"工资表 2"。

（2）将"工资表 2"中"李英"的出生年月改成"1984-1-1"；将"水电费"这一列移到"房补"的右边；将所有的"房补"全变成 350 元；在第二行前插入一个空行。

（3）将"工资表 2"表标题"职工工资表"设为黑体、蓝色、30 号、粗体并进行合并居中，表中第二行的表头文字设为 14 号、加粗、底纹为浅黄色；其他所有的文字为 12 号、宋体；并将所有文字居中对齐；将标题以外的内容设置边框，其中内框设为紫色单线，外框设为红色的双线。

（4）将"工资表 2"的"基本工资"的数据保留一位小数，使用千位分隔符，并将表格的行和列全部设置成"最适合的行高/最适合的列宽"。

（5）将"工资表 2"的 H1 单元格添上当前的日期和时间。

（6）将"工资表 2"的"张雨涵"单元格中插入批注，内容是销售部经理。

（7）在工作表 Sheet3 中用"自动筛选"的方法筛选出所有的女职工信息，然后再恢复所有的数据；显示所有基本工资大于或等于 2500 元，并且津贴小 600 元的职工，并将此数据复制到工作表的 A18 单元格开始的区域中，然后再恢复显示所有的数据。

（8）将工作表 Sheet4 的数据按"基本工资"以升序排列。

（9）求"工资表 1"中的求出每个员工的实发工资。（注：实发工资=应发工资+津贴+房补－水电费）

（10）将"工资表 1"的数据按"性别"分类汇总计算实发平均工资。

（11）在"工资表 1"的 A15 单元格中输入"职工人数："，A16 单元格中输入"实发工资总数："，分别利用公式或函数在它们相邻的单元格计算这些数据。

（12）在工作表 Sheet4 中建立一个以"职工基本工资表"为标题的、以系列产生在"列"的折线图表，将新图表嵌入在表格下面。

（13）用工作表 Sheet4 的数据，在 Sheet5 中建立如图 3-53 所示的数据透视表。

（14）将"工资表 2"页面设置为 A4 纸张、横向，上、下边距为 2cm，左、右边距为 2cm，在页眉右边输入"制表人：本人姓名"，在页脚中间输入"共几页，第几页"，在"打印预览"中观看效果。

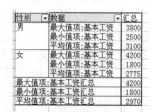

性别	数据	汇总
男	最大值项:基本工资	3800
	最小值项:基本工资	2500
	平均值项:基本工资	3100
女	最大值项:基本工资	4200
	最小值项:基本工资	1800
	平均值项:基本工资	2775
最大值项:基本工资汇总		4200
最小值项:基本工资汇总		1800
平均值项:基本工资汇总		2970

图 3-53　数据透视表效果图

第4章
"PowerPoint 2003 演示文稿" 实验

实验一　演示文稿的创建

一、实验目的

熟悉 PowerPoint 2003 演示文稿的基本操作，能够建立基本的演示文稿。

二、实验内容

1. 熟悉 PowerPoint 2003 的启动和退出。
2. 掌握创建演示文稿的基本过程。
3. 掌握演示文稿的编辑操作。

三、实验步骤

1. 启动 PowerPoint 演示文稿软件

通过选择 "开始/程序/Microsoft Office/ Microsoft Office PowerPoint 2003"，启动 PowerPoint 2003。

2. 利用 "空演示文稿" 创建演示文稿

新建一个演示文稿，演示文稿由 6 张幻灯片组成，幻灯片的内容和版式如图 4-1 所示。

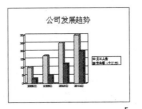

图 4-1　实验一演示文稿样图

说明 第1张幻灯片版式为"标题幻灯片"；第2张幻灯片版式为"标题，文本与剪贴画"；第3张幻灯片版式为"标题和图示或组强结构图"；第4张幻灯片版式为"标题和表格"；第5张幻灯片版式为"标题和图表"；第6张幻灯片版式为"空白"。

具体操作方法如下。

（1）进入 PowerPoint 后，在"开始工作"任务窗格中选择"文件/新建"命令，弹出如图 4-2 所示"新建演示文稿"任务窗格，选择"空演示文稿"选项，弹出"幻灯片版式"任务窗格，如图 4-3 所示。

（2）建立第1张幻灯片，采用"标题幻灯片"版式，在幻灯片窗格中，单击窗格中的"单击此处添加标题"占位符，输入标题内容"某公司介绍演示"，然后单击"单击此处添加副标题"占位符，输入幻灯片的内容"讲解人：李小明"。

（3）建立第2张幻灯片，具体步骤如下：

① 选择"插入/新幻灯片"命令菜单，或者单击工具栏上的"新幻灯片"按钮，并在"幻灯片版式"任务窗格中选择名称为"标题，文本与剪贴画"的版式。

② 在上方标题占位符中，填入标题"公司简介"；下方文本框中填入"本公司于 2008 年 2 月在郑州组建；经营范围：电脑软件开发，硬件销售，系统集成等；业务覆盖：本公司客户遍布郑州、武汉、合肥等城市。"

③ 双击剪贴画预留区，弹出"选择图片"对话框，如图 4-4 所示。双击要选择的剪贴画，它就插入到剪贴画预留区中。

图 4-2 "新建演示文稿"任务窗格　　图 4-3 "幻灯片版式"任务窗格　　图 4-4 "选择图片"对话框

（4）建立第3张幻灯片，具体步骤如下。

① 单击工具栏上的"新幻灯片"按钮，并在"幻灯片版式"任务窗格中选择名称为"标题和图示或组织结构图"的版式。

② 在新幻灯片的上方标题占位符中，填入标题内容"公司组织结构"。在下方，双击幻灯片中的组织结构图图标，将弹出如图 4-5 所示的"图示库"对话框。在"选择图示类型"选项区中选择"组织结构图"图示类型。单击"确定"按钮，即可在当前的幻灯片窗格中显示一个默认结

构的组织结构图,如图 4-6 所示,同时显示出组织结构图工具栏。

图 4-5 "图示库"对话框

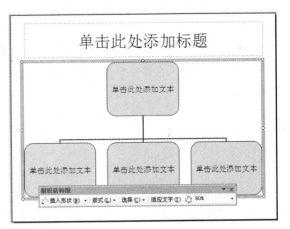

图 4-6 组织结构图形式

③ 在组织结构图中选中每个图框单击后,输入如图 4-7 所示的文字。

公司组织结构

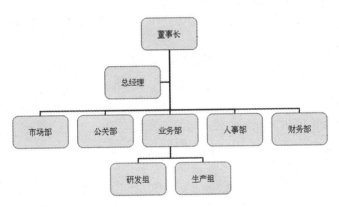

图 4-7 第 3 张幻灯片完成后的效果图

在组织结构图中添加新的图框的方法是:单击"组织结构图"工具栏上"插入形状"按钮的下箭头,如图 4-8 所示,将弹出一个下拉菜单,单击"同事"或"下属",可增加一个同一级的或者下一级的图框。

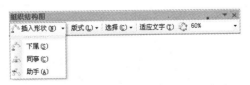

图 4-8 "插入形状"下拉菜单

(5)建立第 4 张幻灯片,具体步骤如下。

① 单击工具栏上的"新幻灯片"按钮 ,并在"幻灯片版式"任务窗格中选择名称为"标

题和表格"的版式。

② 在新幻灯片上方标题占位符中，填入标题内容"公司销售情况表"。在下方，根据表格占位符上的提示，双击占位符后，即可弹出"插入表格"对话框，如图4-9所示。

③ 在"插入表格"对话框中设置表格为4列5行，然后单击"确定"按钮，就可以在表格占位符中插入一个表格对象。在表格中输入文本内容，如图4-10所示，再单击幻灯片的空白区，即可完成表格的制作。

图4-9 "插入表格"对话框

公司销售情况表

	软件销售额（万元）	硬件销售额（万元）	系统集成及其他销售额（万元）
2008年	15	12	3
2009年	25	20	5
2010年	40	50	30
2011年	60	100	40

图4-10 第4张幻灯片完成后的效果图

（6）建立第5张幻灯片，具体步骤如下。

① 单击工具栏上的"新幻灯片"按钮，并在"幻灯片版式"任务窗格中选择名称为"标题和图表"的版式。

② 在新幻灯片的上方标题占位符中，填入标题内容"公司发展趋势"。在下方，根据表格占位符上的提示，双击占位符后，即可弹出"数据表"对话框，如图4-11所示。

③ 在样本"数据表"对话框中输入自己的数据，如图4-12所示，修改完毕后，关闭"数据表"对话框，就可看到幻灯片中已经创建好的简单图表。

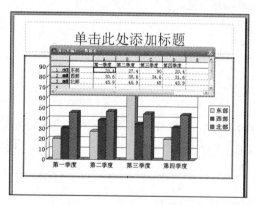

图4-11 "数据表"对话框

公司发展趋势

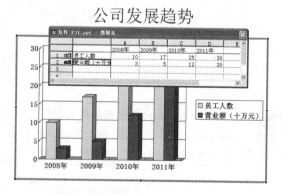

图4-12 第5张幻灯片完成后的效果图

（7）建立第6张幻灯片，具体步骤如下。

① 单击工具栏上的"新幻灯片"按钮，并在"幻灯片版式"任务窗格中选择名称为"空白"的版式。

② 选择"插入"菜单中"图片"命令组下的"艺术字"命令，在打开的"艺术字库"对话框中选择第三行第二列的样式，然后在"编辑艺术字"对话框中输入"谢谢各位！"。

至此，演示文稿制作完成。

3. 演示文稿的保存和退出

将新建的演示文稿以名为"P01.ppt"保存在 D 盘的 source 文件夹中,并退出 PowerPoint 程序。

操作方法如下。

① 选择"文件/保存"菜单命令或单击"常用"工具栏上的"保存"按钮![save],弹出"另存为"对话框,如图 4-13 所示。

图 4-13 "另存为"对话框

② 在对话框中的"保存位置"下拉列表中选择 D 盘,在下面窗格中打开 source 文件夹,然后在"保存类型"下拉列表中选择"演示文稿(*.ppt)",在"文件名"框中输入"P01.ppt",单击"确定"按钮,这样演示文稿就保存好了。最后单击演示文稿右上角的"关闭"按钮![close]退出。

4. 打开 D:\source\中的演示文稿"P01.ppt"

操作方法:先打开 D 盘,再打开 source 文件夹,然后双击演示文稿"P01.ppt"即可将其打开。

5. 插入幻灯片

在第 1 张和第 2 张幻灯片间插入一张"标题和文本"幻灯片,其标题为"目录",内容为后面各张幻灯片的标题内容。

操作方法如下。

① 在左侧"幻灯片视图"窗格中,单击第 1 张和第 2 张幻灯片间的空白处,或者单击第 1 张幻灯片。

② 选择"插入/新幻灯片"菜单命令,或者右键选择"新幻灯片"后,在第 1 张和第 2 张幻灯片间即插入了一张新幻灯片。设置新幻灯片的版式为"标题和文本"。

③ 在标题占位符中输入"目录",在文本占位符中输入后面各张幻灯片的标题内容。

6. 保存演示文稿

将演示文稿以名为"P02.ppt"另存在 D:\ source 中。

P02.ppt 演示文稿为后续实验的素材,请务必保存好。

操作方法:由于演示文稿改名保存,所以选择"文件/另存为"菜单命令,在弹出的"另存为"对话框中,选择保存位置并输入文件名,单击"确定"按钮完成。

实验二　演示文稿的版面设计

一、实验目的

通过本实验操作，掌握演示文稿的模板设置、背景设置、配色方案设置和母版设置。

二、实验内容

1. 应用设计模板。
2. 背景设置。
3. 配色方案。
4. 母版设置。

三、实验步骤

（1）打开实验一中创建的演示文稿"P02.ppt"文件。

操作方法：参考实验一中打开演示文稿的方法。

（2）在演示文稿中应用 Pixel.pot 模板。

操作步骤如下。

① 选择"格式/幻灯片设计"菜单命令，在窗口右侧会自动弹出"幻灯片设计"任务窗格，如图 4-14 所示。在该任务窗格的列表中移动鼠标时，每个设计模板右侧自动出现下拉按钮，单击模板右侧的下拉按钮，如图 4-15 所示，可以选择"应用于所有幻灯片"还是"应用于选定幻灯片"。

图 4-14　"幻灯片设计"任务窗格

图 4-15　设计模板应用于范围菜单项

② 在"幻灯片设计"任务窗格中找到 Pixel.pot 模板，单击右侧下拉按钮选择"应用于所有

幻灯片"后即可应用该设计模板。

如果设计模板很多，不方便查找某个设计模块时，可以选择"幻灯片设计"任务窗格最下方的"浏览..."命令按钮，打开"应用设计模板"对话框来查找。

（3）利用幻灯片配色方案设置所有幻灯片文本内容为紫色。

操作步骤如下。

① 在"幻灯片设计"任务窗格中，选择"配色方案"选项，即可打开"应用配色方案"页面，如图 4-16 所示。

② 在"应用配色方案"页面底部选择"编辑配色方案..."选项即可打开"编辑配色方案"对话框。在该对话框中选择"自定义"选项卡，如图 4-17 所示。

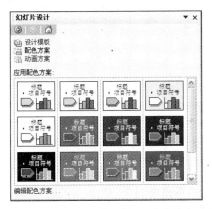

图 4-16 "幻灯片设计"中"配色方案"选项

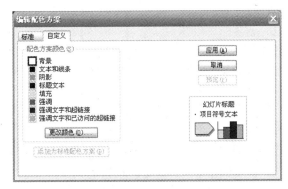

图 4-17 "编辑配色方案"对话框

③ 在"配色方案颜色"选项组中，选择"文本和线条"前面的颜色块，单击"更改颜色"按钮，弹出"文本和线条颜色"对话框，如图 4-18 所示。在对话框中选择紫色，单击"确定"按钮，返回"编辑配色方案"对话框，再单击"应用"按钮。

（4）设置背景。

操作步骤如下。

① 选择"格式/背景"命令，在下拉菜单中选择"填充效果...",如图 4-19 所示。

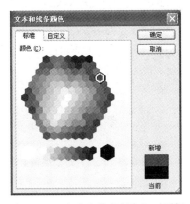

图 4-18 "文本和线条颜色"对话框

图 4-19 "背景"对话框

② 弹出"填充效果"对话框，如图 4-20 所示。在"渐变"选项卡中，选择"预设"单选按

钮，预设颜色为"雨后初晴"。单击"确定"按钮，回到"背景"对话框，单击"全部应用"按钮。

（5）利用母版设置幻灯片编号和页脚内容。在所有幻灯片左下脚显示编号，右下角显示页脚内容"勇于创新，我们永远的追求！"（标题幻灯片除外）。

操作步骤如下。

① 选择"视图/母版/幻灯片母版"菜单命令，进入幻灯片母版编辑窗口，如图4-21所示。

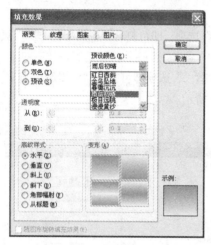

图4-20 "填充效果"对话框

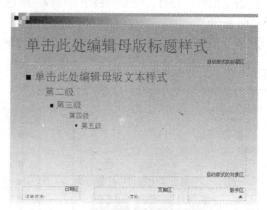

图4-21 幻灯片母版编辑窗口

② 在幻灯片母版编辑窗口中，将"数字区"占位符（"数字区"占位符就是显示幻灯片编号的位置）拖曳到左下角，并设置为左对齐；将"页脚区"占位符拖曳到右下角，并设置为右对齐。

③ 选择"视图/页眉和页脚"菜单命令，弹出"页眉和页脚"对话框，如图4-22所示。在"幻灯片"标签中选择"幻灯片编号"复选框，单击"全部应用"按钮，所有幻灯片都会加上编号。

④ 在"页脚区"输入页脚内容"勇于创新，我们永远的追求！"，如图4-23所示。单击"关闭母版视图"按钮，退出幻灯片母版编辑窗口，返回幻灯片编辑窗口。

⑤ 选择"视图/母版/标题母版"菜单命令，进入标题母版编辑窗口，将"数字区"占位符移到左下角，并设置为左对齐。

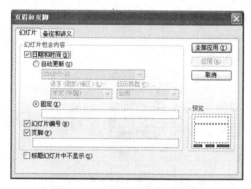

图4-22 "页眉和页脚"对话框

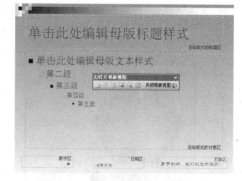

图4-23 幻灯片母版编辑窗口

（6）设置字符格式。

将每张幻灯片标题设置成隶书、48号字，其他文本样式和颜色可自定，幻灯片内容的字符格式可根据整体布局设置。

和以前学习过的 Word 操作一样，可对各幻灯片标题分别进行设置，或通过"视图/母版/幻灯片母版"命令，对"单击此处编辑母版标题样式"的格式进行一次性设置。

（7）将演示文稿以原名保存在原位置。

操作方法：选择"文件/保存"菜单命令或单击"常用"工具栏上的"保存"按钮 🔲 。

实验三　演示文稿的播放设置

一、实验目的

通过本实验操作，掌握幻灯片的动画设置、超链接及放映设置。

二、实验内容

1. 幻灯片的动画设置。

2. 超链接设置。

3. 放映方式设置。

三、实验步骤

1. 打开 D:\source 中的演示文稿 P02.ppt

操作方法：参考实验一中打开演示文稿的方法。

2. 设置幻灯片的动画效果

（1）使用"动画方案…"快速添加动画。

设置第 1 张幻灯片的动画效果为"浮动"式动画方案。操作方法为：选择第 1 张幻灯片后，选择"幻灯片放映/动画方案…"，这时在右侧任务窗格中自动显示"幻灯片设计"任务窗格的"动画方案"页面，如图 4-24 所示，在其中单击选择"浮动"效果即可。

图 4-24 "幻灯片设计"任务窗格

（2）使用"自定义动画…"设置幻灯片内动画效果。

设置第 2 张幻灯片的动画效果：标题对象为左侧飞入，风铃声音；文本对象为向下擦除；播放顺序为先文本后标题，在前一事件后 2 秒启动动画。

操作方法如下。

① 选择第 2 张幻灯片，再选择"幻灯放映/自定义动画…"菜单命令，这时在右侧任务窗格中自动显示"自定义动画"任务窗格，如图 4-25 所示。

② 在幻灯片中选择标题对象，再单击"添加效果"下拉按钮，在弹出的下拉菜单中选择"进入"效果中的"飞入"动画。

③ 在"自定义动画"任务窗格中的标题动画单击鼠标右键，如图 4-27 所示，选择"效果选项(E)…"后，弹出"飞入"效果选项对话框，如图 4-28 所示。

图 4-25 "自定义动画"任务窗格

图 4-26 "进入"级联菜单

图 4-27 添加"飞入"效果后的任务窗格

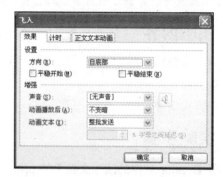

图 4-28 "飞入"动画"效果"选项对话框

④ 在"飞入"效果选项对话框的"效果"选项中，设置方向为"自左侧"，声音为"风铃"，单击"确定"按钮。选择"计时"选项卡，设置计时开始为"之后"，延迟为"2 秒"，如图 4-29 所示。

⑤ 在幻灯片中选择"文本"对象，再单击"添加效果"下拉按钮，在弹出的下拉菜单中选择"进入"效果中的"其他效果(M)..."，弹出如图 4-30 所示的"添加进入效果"对话框。从中选择"擦除"效果，单击"确定"按钮。

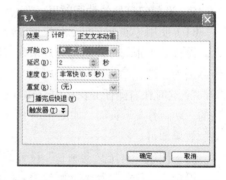

图 4-29 "飞入"动画"计时"选项对话框

⑥ 参照第③步和第④步相似的操作步骤，设置"文本"对象的"擦除"效果方向为"自顶部"，"计时"效果为前一事件之后 2 秒启动动画。

⑦ 在"自定义动画"任务窗格的下方，选择 ⬆ 重新排序 ⬇ 按钮中的向下或向上箭头完成对标题和文本顺序的调整，使其调整后的播放顺序为先文本后标题。

（3）使用"幻灯片切换..."设置幻灯片之间的动画效果。

操作方法如下。

① 选择"幻灯放映/幻灯片切换..."菜单命令，这时在右侧任务窗格中自动显示"幻灯片切换"任务窗格，如图 4-31 所示。

② 在"幻灯片切换"任务窗格中分别选择盒状展开、中速，声音为鼓声，换片方式为每隔 4 秒钟换页，最后单击"应用于所有幻灯片"按钮。

图 4-30　"添加进入效果"对话框　　　　图 4-31　"幻灯片切换"任务窗格

3. 演示文稿中的超链接

根据演示文稿中第 2 张幻灯片中的文本内容（目录项）与第 3、第 4、第 5、第 6 张幻灯片内容上的对应关系建立超链接。第 2 张到第 3、第 4、第 5、第 6 张幻灯片应用超链接，第 3、第 4、第 5、第 6 张幻灯片返回第 2 张幻灯片应用动作按钮。

（1）创建超链接。

根据演示文稿中第 2 张幻灯片中的文本内容，将其链接到相应的幻灯片上；将第 1 张幻灯上的"某公司介绍演示"链接到网址 http://www.baidu.com。

操作方法如下。

① 首先选中第 2 张幻灯片的文本"公司简介"，选择"插入/超链接"菜单命令，在弹出对话框的左侧选项栏中选择"本文档中的位置"，再选中标题为"公司简介"的幻灯片，如图 4-32 所示。在"公司简介"文字下出现横杠表示该文字已可超级链接。

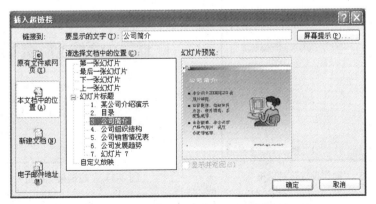

图 4-32　"插入超链接"对话框

② 参照第①步的方法，在第 2 张幻灯片上依次选择"公司组织结构"、"公司销售情况表"、"公司发展趋势"等文本，选择"插入/超链接"菜单命令，在弹出的对话框中选择"本文档中的位置"，完成对应的超链接设置。

操作时应注意文本内容与幻灯片内容的相关性。例如，第2张的文本"公司组织结构"应链接到第4张幻灯片，即标题为"公司组织结构"的幻灯片；文本"公司销售情况表"应链接到第5张幻灯片，即标题为"公司销售情况表"的幻灯片，依此类推。

③ 如果要修改已存在的超链接，首先选中文字，单击鼠标右键，弹出快捷菜单，选择"编辑超链接"命令即可修改。如果要删除超链接，选择"删除超链接"命令即可。

④ 选中第1张幻灯片中的标题文字"某公司介绍演示"，选择"插入/超链接"菜单命令，在弹出对话框的左侧选项栏中选择"原有文件或网页"，在其界面上的"地址栏"中输入网址 http://www.baidu.com 即可。

⑤ 选择"幻灯片放映/观看放映"命令，浏览超链接效果。

超链接效果在编辑状态是不能查看的，必须进入放映状态下才能查看。

（2）设置动作按钮。

在第3、第4、第5、第6张幻灯片下方分别放置动作按钮，都可跳转到第2张幻灯片。操作方法如下。

① 选中第3张幻灯片，选择"幻灯片放映/动作按钮"菜单命令，在其级联菜单项中选择第5个按钮（即"后退或前一项"），然后在第3张幻灯片上的合适位置用鼠标左键拖曳出一个按钮形状，此时会自动弹出"动作设置"对话框，如图4-33所示。

② 在该对话框的"单击鼠标"选项卡下选择"超链接到"单选按钮，再在其下方的列表中选择"幻灯片..."命令，此时会弹出"超链接到幻灯片"对话框，如图4-34所示。

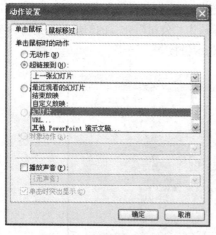

图4-33 "动作设置"对话框

图4-34 "超链接到幻灯片"对话框

③ 在"幻灯片标题"列表中选择第2张幻灯片（目录）后，单击"确定"按钮返回"动作设置"对话框，再单击"确定"按钮完成动作按钮的设置。

④ 将第3张幻灯片中设置好的动作按钮复制，并分别粘贴到第4、第5、第6张幻灯片中，完成返回到第2张幻灯片（目录）的功能。

⑤ 选择"幻灯片放映/观看放映"命令，浏览超链接效果。

4. 演示文稿的放映设置

在演示文稿放映之前,可根据使用者的具体要求进行排练计时以及设置演示文稿的放映方式。

(1)排练计时。

操作方法:选择"幻灯片放映/排练计时"菜单命令,按正常的时间节奏对幻灯片放映演练一遍,结束时会弹出如图 4-35 所示的对话框,提示保存排练时间。如果排练时间合适选择"是"即可,否则选择"否"后重新排练计时。

(2)设置不同的放映方式。

操作方法:选择"幻灯片放映/设置放映方式"菜单命令,弹出"设置放映方式"对话框,如图 4-36 所示。在"放映类型"栏中选择"演讲者放映(全屏幕)"单选按钮,单击"确定"按钮完成。

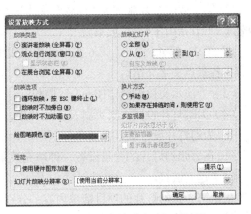

图 4-35 排计时间保存窗口　　　　图 4-36 "设置放映方式"对话框

P2.ppt 演示文稿的样张及效果如图 4-37 所示。

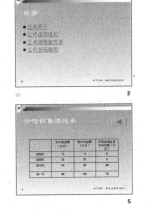

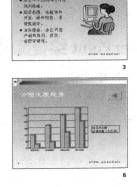

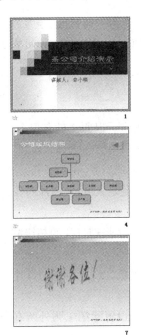

图 4-37 实验三演示文稿完成后的效果图

实验四 综 合 练 习

PowerPoint 综合练习一

（1）新建一个演示文稿，取名为"PPT4-4.ppt"。

（2）根据 D:\source 文件夹中的 Word 文档"海南景点介绍.doc"的内容完成演示文稿，演示文稿由 6 张幻灯片组成，具体设置如下。

① 第 1 张幻灯片版式为"标题幻灯片"，标题为"海南省景点介绍"，副标题为"2012.6.30"。

② 第 2 张幻灯片版式为"标题和文本"，标题内容为"目录"，文本内容为"（1）天涯海角（2）博鳌（3）五指山（4）东坡书院"。

③ 第 3、第 4、第 5、第 6 张幻灯片版式也为"标题和文本"，标题内容为各景点名称，文本内容为各景点文字介绍。

（3）为演示文稿设置"Blends"模板。

（4）为幻灯片设置页眉页脚及添加背景，要求如下。

① 为幻灯片设置编号，要求标题幻灯片不显示编号。"页脚区"显示"海南省景点介绍"。

② 在每张幻灯片的背景设置一种填充效果，方式为"纹理"。

（5）建立链接。

根据第 2 张幻灯片的项目清单内容，分别设置各项目到第 3、第 4、第 5、第 6 张幻灯片的超级链接，并在第 3、第 4、第 5、第 6 张幻灯片分别设置一个动作按钮返回第 2 张幻灯片。在第 1 张幻灯片"海南省景点介绍"文字处插入超级链接，链接到网址 http://www.hiholiday.com/。

（6）设置动画。

设置每张幻灯片各个对象的动画效果均为"盒状收缩"，声音为"风铃"，顺序为"标题，文本"。设置幻灯片的切换方式效果为采用"水平百叶窗"，切换速度为"中速"，换页方式为"单击鼠标"换页。

PowerPoint 综合练习二

（1）请打开"D:\source"文件夹中的"圣诞节.ppt"，完成操作后以原文件名保存。

（2）在第 1 张幻灯片中添加主标题"圣诞节"，设置文字格式为方正舒体、红色、字号 80、置于左上角；并为第 1 张幻灯片设置背景图片，图片为"D:\source\背景.jpg"。

（3）在第 5 张幻灯片右侧剪贴画占位符中插入 D:\source\圣诞老人.bmp 图片对象；并设置所有幻灯片背景为填充效果中的花束纹理。

（4）根据第 2 张"目录"幻灯片的内容，实现各项目到第 3~7 张幻灯片的超级链接，相应地在第 3~7 张幻灯片上设置一个动作按钮返回"目录"。

（5）利用母版功能，设置所有幻灯片标题对象背景填充为黑色，设置所有幻灯片标题对象的动画效果为上部飞入，风铃声音。

（6）自定义配色方案：文本线条为蓝色，标题文本为红色；设置除第 1 张外所有幻灯片的页眉页脚（固定日期：2012-12-25，页脚：圣诞节快乐）。

第5章
"网页设计软件 Dreamweaver" 实验

实验一　Dreamweaver 快速入门

一、实验目的

通过一个简单的网页实例，了解使用 Dreamweaver 制作网页的基本方法，学习普通网页的编辑、美化技巧。

二、实验内容

1. 掌握 Dreamweaver 的启动方法，熟悉 Dreamweaver 的界面。
2. 掌握新建、打开、编辑和保存网页文件的方法。
3. 掌握使用浏览器（IE）浏览网页的技巧。
4. 编辑文字内容、设置段落格式。
5. 在网页中使用水平线。
6. 网页属性设置，完成如图 5-1 所示网页。

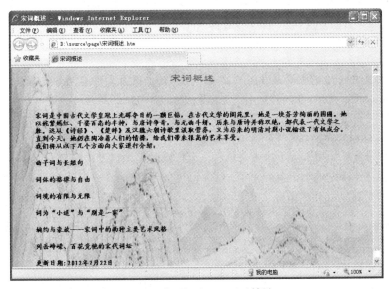

图 5-1　宋词概述.htm 显示效果

三、实验步骤

本实验中所用到的素材及设计生成的网页都保存在 D:\source\page 文件夹中。

1. 启动 Dreamweaver

通过选择 "开始/程序/Macromedia/ Macromedia Dreamweaver 8"选项，或双击桌面上的 Dreamweaver 快捷方式图标，即可进入 Dreamweaver 工作窗口。

2. 网页基本操作

（1）新建网页。

① 启动 Dreamweaver 后，在欢迎屏幕的"创建新项目"中选择"创建新项目/HTML"命令，创建一个默认名为 Untitled-1.html 的 HTML 文档。

② 选择"文件/新建"命令，打开"新建文档"对话框，选择"基本页/HTML"选项，可产生一个名为 Untitled-2.html 的新网页文件。

（2）编辑网页。

① 在 Dreamweaver 编辑区输入"大家好！这是第一张网页。"

② 选中文字，在属性面板中选择相应按钮进行设置，字体大小：36 像素；对齐方式：居中；字体颜色：红色。

（3）保存网页。

选择"文件/另存为"命令，将网页保存在 D:\ source\page 文件夹下，命名为 first.html。

3. 使用浏览器浏览网页

使用 Dreamweaver 将网页编辑完毕，可通过本机的浏览器软件访问自己编辑的网页，以进一步观察效果。

方法一：单击 Dreamweaver 文档工具栏中的 按钮，选择系统中默认的 Web 浏览器，如 IE 浏览器浏览网页，查看效果。

方法二：选择桌面上"我的电脑"，进入 D:\ source\page 文件夹下，双击网页文件 first.html，同样可以打开图 5-2 所示的网页文件。

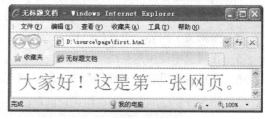

图 5-2　first.html 显示效果

网页文件的扩展名是 htm（或.html），双击网页文件启动的是 IE 浏览器，而不是 Dreamweaver 软件，这和 Word、Excel、PowerPoint 等文档操作是有区别的。

在 Dreamweaver 中网页制作的过程为：新建一个网页→在网页中输入文字、编辑页面等→保存并关闭网页。下次再要编辑这个网页时，过程为：从 Dreamweaver 的"文件/打开"菜单命令中再打开这个网页→在网页中进一步编辑→保存并关闭网页。要熟练掌握文件的新建、打开、保存这些基本操作。

4. 编辑文字内容

（1）启动 Dreamweaver，打开"D:\source\page\宋词概述.htm"文件。

（2）设置文字格式。

① 选中标题文字"宋词概述"，使用属性面板中的相应按钮进行如下设置：

字体：隶书；字体大小：24 像素；字体颜色：红色。

② 再选中除标题外的正文文字，使用属性面板中的相应按钮进行如下设置：

字体：楷体_GB2312；字体大小：14 像素；字型：加粗。

（3）单击"保存"按钮 ▣，保存该网页。

5. 设置段落格式

（1）设置分行和分段。

① 将光标定位在文字"我们将从以下几个方面……"前，同时按下 Shift+Enter 组合键，对文字进行分行。

② 将光标定位在文字"曲子词与长短句……"前，按下 Enter 键，对文档进行分段，比较分行和分段的不同效果。

在网页设计中，需要注意文字分行与分段的区别。分行是指在文字前使用 Shift+Enter 组合键，文字分到下一行显示，但该文字和上一行仍属于同一个段落。如上例中的"我们将……向大家进行介绍"仍和"宋词是中国古代……很高的艺术享受"为同一段。分段是指在文字前直接使用回车键 Enter，文字分到下一段显示，该段文字和上一段文字之间隔一空行。如上例中的"曲子词与长短句……宋代词坛"被分到第二段。

③ 用第②步的方法，将"曲子词与长短句……宋代词坛"中各分句都通过 Enter 键分段显示，如图 5-1 所示。

（2）设置段落对齐、缩进和间距。

① 选中标题文字"宋词概述"，单击属性面板中的"居中对齐"按钮 ▤，使标题文字"宋词概述"显示在网页窗口正中央。

② 再选中除标题外的正文文字，选择属性面板中的"文本缩进"按钮 ▤

③ 单击"确定"按钮，观察此时的网页。

（3）给段落添加项目符号和编号。

① 选中"曲子词与长短句……宋代词坛"各段落，选择属性面板中的"编号列表"按钮 ☷。

② 确定并返回网页编辑环境，观察添加项目符号后的段落格式及字体格式。

（4）单击"保存"按钮，保存该网页。

项目符号和编号的作用是使文档层次清晰，便于阅读和理解。

6. 在网页中使用水平线

（1）插入水平线。把光标定位在标题"宋词概述"之后，选择"插入/HTML/水平线"菜单命令，网页中插入了一条系统默认的水平线。

（2）设置水平线的属性。用鼠标选中水平线，在属性面板具体参数设置如下：

水平线"宽度"为 100%；水平线"高度"为 4；取消"阴影"。

（3）观查网页中的水平线样式。单击"保存"按钮，保存该网页。

"水平线"在网页中起布局作用，如上例中用"水平线"分割页面内容。

7. 网页属性设置

（1）设置网页背景色。

① 将光标定位在网页空白处，选择属性面板中的 页面属性... 按钮。

② 在弹出的"页面属性"对话框中，在"外观"分类的"背景颜色"里选取一种颜色，如灰色，RGB 值为#CCCCCC。

③ 单击"网页属性"对话框中的"确定"按钮，观察网页背景的变化。

（2）设置网页的背景图片。

① 仍旧在"页面属性"对话框的"外观"分类中，选择"背景图片"后的"浏览…"按钮，在打开的"选择图像源文件"对话框中，选择背景图片文件的存放位置 D:\source\page\ images，在列表框中选择要插入的背景图片文件"bg1.jpg"。

② 单击"确定"按钮，返回编辑界面并观察网页背景的变化，第（1）步中设置的背景色替换成当前设置的"bg1.jpg"背景图片，该图片采用平铺方式充满了整个网页。

提示
对于同一网页而言，同一时间内只能显示背景色或者背景图片其中一种效果。

（3）设置网页标题。

① 在"页面属性"对话框的"标题/编码"分类中，在"标题" 栏后的文本框中输入文字"欢迎访问！"如图 5-3 所示。

② 单击"确定"按钮，返回网页编辑界面。

（4）单击"保存"按钮，保存-网页。在 IE 中预览该网页。

注意
第（3）步中的网页标题"欢迎访问！"并没有显示在页面中，而是显示在 IE 浏览器的标题栏中，如图 5-4 所示。

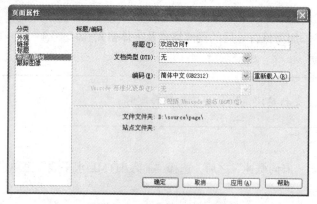

图 5-3 "页面属性"对话框

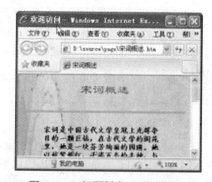

图 5-4 IE 标题栏中显示网页标题

注意
网页中的图片只能以单独的文件保存在站点中。因此，当图片文件尚未保存在指定站点中时，有可能导致图片无法正确显示。

网页中常用的图片文件格式有 gif、.jpg。

实验二 图文混排

一、实验目的

掌握在网页中进行图文混排设计以及加入动态元素的方法。

二、实验内容

1. 掌握在网页中插入静态图片并设置图片属性的方法。
2. 掌握创建鼠标经过图像的设计方法。
3. 了解在网页中添加 Flash 动画的方法。

完成如图 5-5 所示的网页。

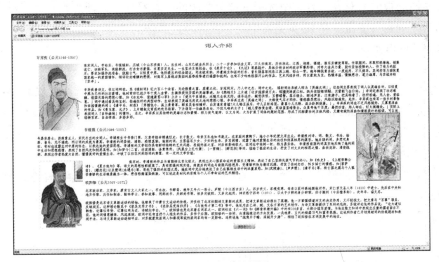

图 5-5 完成效果图

三、实验步骤

本实验中所用到的素材及设计生成的网页都保存在 D:\source\page 文件夹中。

1. 在网页中插入静态图片并设置图片属性

（1）插入图片文件。

① 将光标定位在第一段文字"南宋词人……"之前。

② 选择"插入/图像"菜单命令，选择 D:\source\page\images 文件夹下的"xinqiji1.jpg"。单击"确定"按钮，返回到 Dreamweaver 编辑窗口，图片插入到网页指定位置。

（2）精确设置图片尺寸。

选中图片，在下方的属性面板中，设置图片属性，在"宽度"框中输入 200，在"高度"框中输入 300，图片重新定义大小。

（3）设定文字环绕。

在属性面板的"对齐"方式中选择下拉菜单中的"左对齐"选项，观察图片靠左侧对齐，文字环绕在图片周围。

（4）设定边距。

在属性面板的"水平边距"文本框内输入 10，观察图片和文字的边距为 10 像素。

2. 插入鼠标经过图像并设置属性

（1）插入鼠标经过图像。

① 将光标定位在李清照下方一段，"号易安居士……"之前。

② 选择"插入/图像对象/鼠标经过图像"菜单命令，打开"插入鼠标经过图像"对话框，设置如下：

在"原始图像"文本框中，选择 D:\source\page\images 文件夹下的"liqingzhao1.jpg"；

在"鼠标经过图像"文本框中，选择 D:\source\page\images 文件夹下的"liqingzhao2.jpg"；

单击"确定"按钮。

（2）设定鼠标经过图像属性。

① 选中该鼠标经过图像，在属性面板的"边框"框中输入 2。

② 在属性面板的"对齐"方式中选择下拉菜单中的"右对齐"选项。

③ 单击"确定"按钮。在 IE 浏览器中观察鼠标经过图像的效果。

3. 添加 Flash 动画

（1）将光标定位在欧阳修下方一段，"北宋政治家……"之前。

（2）选择"插入/媒体/Flash"菜单命令，在弹出的"选择文件"对话框中选择 D:\source\page\images 文件夹下的"ouyangxiu.swf"。

（3）设置"对齐"方式为"左对齐"，保存并在 IE 浏览器中观察效果。

4. 插入 Flash 按钮

（1）将鼠标定位在文档最末尾空行中，选择"插入/媒体/Flash 按钮"菜单命令，打开"插入 Flash 按钮"对话框。

（2）选择"样式"中的一种按钮，并在"按钮文本"中输入"返回首页<<"。

（3）单击"确定"按钮，关闭"插入 Flash 按钮"对话框，Flash 按钮出现在网页中。单击 ≡ 设置该行按钮居中对齐。

（4）保存并在 IE 浏览器中预览，观察 Flash 按钮的效果，如图 5-6 所示。当鼠标移动到按钮上方时，将会发生一些动态的变化。

图 5-6　Flash 按钮

如果需要再次编辑 Flash 按钮，可在网页中选中该按钮，在下方的属性面板中单击 ✎编辑…… 按钮，在弹出的"插入 Flash"按钮对话框中重新设置相关属性即可。

另外需注意的是在 Dreamweaver 中，Flash 按钮不能保存在有中文字的网站路径中。例如，网站路径为 D:\网站\page，则在页面中插入的 Flash 按钮将无法保存。

实验三　使用表格布局网页

一、实验目的

熟练掌握建立表格的方法，以及表格属性设置技巧。了解如何使用表格进行页面布局。

二、实验内容

1. 通过建立表格、设置表格属性、设置单元格属性，完成如图 5-7 所示的表格。
2. 使用表格布局网页，完成效果如图 5-8 所示。

图 5-7　完成效果图　　　　　　　　　　　　图 5-8　完成效果图

三、实验步骤

本实验中所用到的素材及设计生成的网页都保存在 D:\source\page 文件夹中。

1. 建立表格

（1）启动 Dreamweaver。

（2）选择"插入/表格"菜单命令，在弹出的"表格"对话框中，设置"行数"为 5，"列数"为 6，单击"确定"按钮。

（3）选中第一列的 5 个单元格，单击鼠标右键，选择"表格/合并单元格"菜单命令，合并第一列单元格；单击属性面板上的 ▢ 按钮合并最后一列单元格，设计出如图 5-9 所示的表格效果。

Dreamweaver 中的表格设置方法同 Word 类似，使用合并单元格、拆分单元格、删除单元格等方法可以做出不规则表格的效果，要熟练掌握这些操作。

（4）在单元格中输入文字、插入图片。

① 向表格相应单元格中输入如图 5-10 所示的文字（相关文字材料可从 D:\source\page 文件夹下的"名句赏析.txt"文档中复制）。

② 将光标定位在最后一列单元格中，将 D:\source\page\images 文件夹下的图片"bamboo.jpg"插入到该单元格中，并设置图片大小为宽 120、高 170，效果如图 5-10 所示。

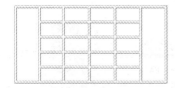

图 5-9　建立表格效果　　　　　　　　图 5-10　在单元格中输入文字、插入图片

（5）在表格上方输入标题。

① 将光标定位在表格前，按下回车键，表格上方空出一行。

② 在空行中输入标题文字"宋词名句"，设置字体格式：字体为隶书，字号为24像素，居中，红色。

（6）将网页保存在 D:\source\page 文件夹下，网页名为"名句赏析.htm"。

2. 设置表格属性

（1）设置表格的宽度和对齐方式。

① 选中表格，在属性面板中进行如下设置：

对齐方式为"居中对齐"；表格的宽度为"700像素"；其余默认。

② 单击"确定"按钮，观察此时的表格，表格宽度值固定，显示在网页正中央。

（2）设置表格线条样式。

① 设置红色双线框。在属性面板的"边框颜色"中选择红色，RGB值为#FF0000，观察表格线条样式为红色双线框。

② 设置单线条、加粗线框。在属性面板中，将"间距"设置为0；"边框"设置为5，单击"确定"按钮，观察表格线条样式为单线条、加粗线框，如图5-11所示。

> "间距"的作用是用来指定表格与各单元格之间的空隙，空隙间距随数值大小而变大或缩小。例如，"单元格间距"为10时，空隙增大，显示效果为图5-12所示的双线框样式；当数值为0时，没有空隙，所以为单线框样式。

③ 设置隐藏线框。在属性面板中将"边框"设置为0。

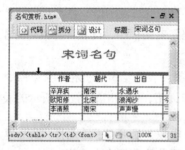

图5-11　单线条、加粗线框效果图　　　　　图5-12　"单元格间距"为10

④ 单击"确定"按钮，观察表格线条样式为虚线框。如图5-13所示。

（3）在IE浏览器中观察隐藏线框后表格的显示效果，如图5-14所示。

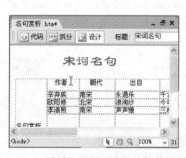

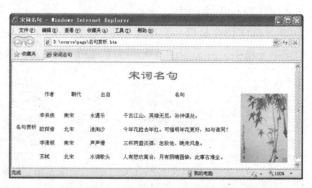

图5-13　"设计"视图下表格边框线效果图　　图5-14　IE浏览器中表格边框线效果图

注意观察此时的表格边框线不见了，这是因为在刚才的属性面板中把边框粗细设置成了0。

提示
"边框"定义表格边框线条的粗细程度，数值越小边框越细。当数值为 0 时，边框隐藏——在"设计"视图环境下，为了提示设计人员，表格边框显示为虚线框；当切换到 IE 浏览器中进行预览时，将看不见表格框线。隐藏表格边框是网页设计中常用的技巧之一，需熟练掌握。在设计表格框线时，通过修改单元格间距、单元格边距以及线条粗细值，可设置出多种表格框线效果。

（4）设置表格背景色。

选中整张表格，在下方的属性面板中，设置"背景"颜色为灰色，RGB 值为#CCCCCC。其余选项为：对齐方式水平居中；宽度为 700 像素；填充、间距、边框都为 1；边框颜色为红色。

（5）设置表格背景图片。

① 在属性面板中，单击"背景"选项后的 按钮。

② 在弹出的"选择图像源文件"对话框中，选择 D:\source\page\images 文件夹下的 "tablebg.jpg"。

③ 确定后返回网页编辑界面，观察背景图片平铺在整个表格区域中。

3. 设置单元格属性

（1）设置单元格内文字大小和文字竖排。

① 改变文字大小。选中表格所有单元格，在属性面板中设置文字为 10 像素。

② 文字竖排。将鼠标移动到表格第二条竖线上，当鼠标变成双向箭头时，向左拖曳鼠标，将单元格宽度变窄，使文字"名句赏析"竖向显示。

（2）单元格内文字对齐方式。

① 选中表格第一行，在属性面板中设置：

"水平"对齐方式：居中对齐；"垂直"对齐方式：顶端；其余选项默认。

② 单击"确定"按钮，返回编辑界面，观察表格第一行单元格，文字在水平方向居中对齐，垂直方向顶边对齐，如图 5-7 所示。

（3）设置单元格背景色。

① 先选中表格第一行，再按住键盘 Ctrl 键，选中表格第一列所有单元格，如图 5-15 所示。

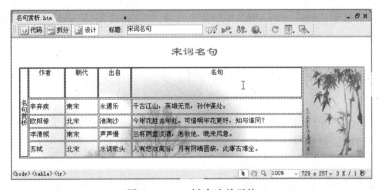

图 5-15　Ctrl 键多选单元格

② 在属性面板中，设置"背景"颜色为 黄色，对应的 RGB 值为 #FFFF00。

③ 观察被选中的单元格区域背景颜色为黄色。

（4）设置单元格背景图片。

① 选中表格单元格的其他部分，在属性面板中，单击"背景"选项后的 按钮。

② 在弹出的"选择图像源文件"对话框中，选择 D:\source\page\images 文件夹下的"cellbg.gif"。

③ 单击"确定"按钮，返回网页编辑界面，观察背景图片平铺在被选中的单元格区域中，如图 5-7 所示。

 设置单元格属性可美化表格或突出表格中的某种信息，如例题中将标题单元格和内容单元格设置成不同格式，既美观又方便浏览者查看。

 ① 表格背景和单元格背景影响的范围不同。② 在单元格中插入图片和图片作为背景的区别。

（5）单击"保存"按钮，保存该网页。

4. 使用表格布局网页

 表格不仅可以用来显示一些有规律的列表数据，如上例；在网页设计中巧用表格，还可以使网页页面布局更合理美观、一目了然。下面以一表格网页为例，说明如何使用表格进行网页布局、页面规划。

（1）启动 Dreamweaver。将网页保存在 D:\source\page 文件夹下，网页名为"首页.htm"。

（2）建立表格。利用插入表格及合并单元格等方法，设计出如图 5-16 所示的表格效果。

表格宽度为 760 像素；水平居中；边框颜色为一种棕色，对应的 RGB 值为#996633。

（3）嵌套表格。

① 将光标定位在表格第一行单元格内，选择"插入/表格"菜单命令，在弹出的"表格"对话框中设置行数为 1，列数为 2，表

图 5-16　单元格拆分效果

格宽度为 100%，其余选项默认。单击"确定"按钮，返回网页编辑界面。观察：在原表格第一行单元格内又插入了一个 1 行 2 列的嵌套表格（即表格中的表格），如图 5-17 所示。

② 用同样方法在第二行单元格内插入一个 1 行 4 列的嵌套表格，表格宽度为 100%，如图 5-18 所示。

（4）输入文字。

① 在第二行嵌套表格的 4 个单元格中分别输入文字"宋词概述"、"宋词百首"、"词人介绍"和"名句赏析"。

② 将"D:\source\page\首页.txt"中的文字复制到第三行右侧单元格中。

③ 在最后一行单元格中输入文字"《宋词赏析网》版权所有"，如图 5-8 所示。

（5）插入图片。

① 将光标定位在第一行嵌套表格左侧单元格中，插入 D:\source\page\images 文件夹下的"mei1.gif"。单击"确定"按钮，返回网页编辑界面，观察图片被插入到第一行嵌套表格左侧单元格中。

② 用同样方法，将 D:\source\page\images 文件夹下的图片"mei2.gif"插入到第一行嵌套表格右侧单元格中，完成效果如图 5-19 所示。观察：此时左侧和右侧单元格图片并未完全接合，中间

留有单元格间距空隙。

图 5-17　嵌套表格效果图

图 5-18　插入第二个嵌套表格

（6）设置无缝图片。

① 用鼠标选中第一行嵌套表格（或将鼠标定位在第一行嵌套表格内，再选择标签选择器上最后一个<table>标签，如图 5-20 所示），在下方的属性面板中，进行如下设置：

填充：0；间距：0；边框：0；其余选项默认。

② 观察此时嵌套表格边线为虚线条。切换到 IE 浏览器中，观察单元格左、右两张图片已接合到一起，中间无缝隙，如图 5-20 所示。

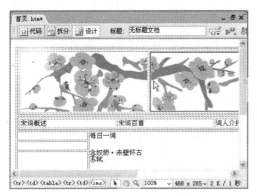

图 5-19　单元格间距空隙图

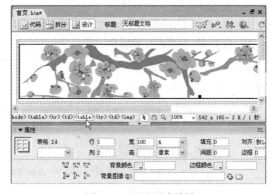

图 5-20　无缝图片效果

　　"单元格边距"的作用是用来指定单元格的边线与单元格内容之间的距离，设置无缝隙图片时，把图片所在单元格之间的边距、间距及边框粗细都设置为 0。

（7）插入 Flash 按钮。在第三行、第四行和第五行左侧单元格中，分别插入 3 个 Flash 按钮"用户注册"、"友情链接"、"联系我们"，Flash 按钮文本和效果要和网页整体色彩搭配，如图 5-8 所示。

（8）设置单元格背景。将光标定位在第三行右侧单元格中，选择 D:\source\page\images 文件夹下的"mei3.gif"作为单元格背景图。单击"确定"按钮，返回网页编辑界面，观察"mei3.gif"作为单元格背景图片衬于文字下方，如图 5-8 所示。

（9）整体修饰。

① 将第二行嵌套表格边框粗细设置为 0，隐藏边框线；并设置该嵌套表格内所有文字居中对齐、字体为华文新魏、字号为 14 像素。

② 将 Flash 按钮所在的第三行到第五行单元格选中，设置"单元格属性"为水平居中对齐，

单元格宽度调整到适当位置。

③ 将"每日一词"所在单元格内文字居中显示。标题"每日一词"字体为楷体、字号为 18 像素、字型加粗、颜色为一种褐色，对应 RGB 值为#800000；其余文字字体为楷体、字号为 12 像素、字型加粗。

④ 最后一行单元格内文字居中显示，字体为隶书，字号为 14 像素。单元格背景色设置为 RGB 值为#DAA192，最终完成效果如图 5-8 所示。

（10）单击"保存"按钮 ，保存该网页。

实验四　使用超链接

一、实验目的

理解超链接的作用，掌握其设置技巧。

二、实验内容

1. 在文字上设置超链接。
2. 在 Flash 按钮对象上设置超链接。
3. 设置超链接文本的颜色。
4. 创建热点超链接
5. 设置锚点超链接。

三、实验步骤

1. 在文字上设置超链接

（1）启动 Dreamweaver，打开"D:\source\page\首页.htm"网页文件。

（2）设置超链接到其他网页文件。

① 选中文字"宋词概述"，在下方的属性面板中，单击"链接"选项后的 按钮。

② 在打开的"选择文件"对话框中，选择文件"D:\source\page\宋词概述.htm"。

③ 单击"确定"按钮，返回编辑窗口。注意观察，此时的文字已经改变了颜色。

④ 保存并在 IE 浏览器中预览，用鼠标指针指向设置了超链接的文字，鼠标指针变成手指形状，单击鼠标，页面将跳转到"宋词概述.htm"页。

（3）设置超链接到 Office 文档。

① 选中文字"宋词百首"，用上述方法，在"选择文件"对话框中选择 Word 文档"D:\source\page\宋词百首.doc"，单击"确定"按钮，返回编辑窗口。

② 同理，再选中网页中的文字"名句赏析"，设置超链接到演示文稿文档"D:\source\page\名句赏析.ppt"，单击"确定"按钮，返回编辑窗口。

③ 保存并在 IE 浏览器中预览，用鼠标指针指向超链接文字"宋词百首"，鼠标指针变成手指形状，单击鼠标，将在当前窗口打开 Word 文档"宋词百首.doc"。

④ 用鼠标指针指向超链接文字"名句赏析"，单击鼠标，将在当前窗口打开演示文稿文档"名句赏析.ppt"。

（4）设置在新建窗口中打开超链接。

① 选中文字"词人介绍"，在下方的属性面板中，单击"链接"选项后的 ⬜ 按钮。

② 打开"选择文件"对话框，选择网页文件"D:\source\page\词人介绍.htm"。单击"确定"按钮，返回编辑窗口。

③ 在属性面板的"目标"下拉菜单中选择"_blank"。

④ 保存并在 IE 浏览器中预览，单击超链接文字"词人介绍"，将弹出一个新窗口，网页"词人介绍.htm"在新窗口显示。

2. 在 Flash 按钮对象上设置超链接

（1）设置超链接到计算机上的文件。

① 选中网页中的 Flash 按钮"用户注册"，在下方的属性面板中单击 ✏️编辑... 按钮，在弹出的"插入 Flash"按钮对话框中，单击"链接"文本框后的 浏览... 按钮。

② 在弹出的"选择文件"对话框中，选择网页文件"D:\source\page\用户注册.htm"。

③ 单击"确定"按钮后，返回网页编辑界面。

④ 保存并在 IE 浏览器中预览，用鼠标单击 Flash 按钮"用户注册"，将在当前窗口打开网页文件"用户注册.htm"。

（2）设置超链接到其他网址。

① 选中网页中的 Flash 按钮"友情链接"， 在下方的属性面板中单击 ✏️编辑... 按钮，在弹出的"插入 Flash"按钮对话框中， "链接"后的文本框内输入网址 http://www.baidu.com/。

② 单击"确定"按钮，返回网页编辑界面。

③ 保存并在 IE 浏览器中预览，用鼠标单击悬停按钮"友情链接"，将在当前窗口打开百度网首页，网址是 http://www.baidu.com/。

（3）设置超链接到电子邮箱。

① 选中网页中的 Flash 按钮"联系我们"，用上述方法，在"链接"后的文本框内输入电子邮件超链接，格式如下：

mailto:master@163.com

② 单击"确定"按钮，回到网页编辑环境。

③ 保存并在 IE 浏览器中预览，用鼠标单击悬停按钮"联系我们"，系统自动启动已安装的电子邮件客户端软件（比如 Outlook Express），并打开"新邮件"窗口，"收件人"栏中自动填写所输入的电子邮件超链接地址。

超链接不仅可以设置在文字上、图片上、鼠标经过图像等对象上，还可以设置在按钮等对象上，超链接指向的可以是一张网页文件或 Office 文档，可见超链接的设置相当灵活。

3. 设置超链接文本的颜色

（1）打开"网页属性"对话框。

① 选择"修改/页面属性"菜单命令，在弹出的"页面属性"对话框中，单击"外观"分类。单击"链接"按钮并选择"黑色"，其对应的 RGB 值是#000000。

② 用相同方法，将"已访问链接"设置为一种棕色，对应的 RGB 值是#84716B；将"活动链接"设置为红色，对应的 RGB 值是#FF0000。

（2）查看修改后超链接文本的颜色效果。单击"保存"按钮，保存该网页。在 IE 浏览器中预览，观察：在网页中，没有访问过的超链接文字颜色（即"链接"颜色）是黑色，鼠标单击超链接文字后，文字颜色（即"已访问链接"颜色）变为棕色，在超链接文字上按下鼠标不放时，文字颜色（即"活动链接"，也就是正在访问的超链接的颜色）为红色。

4. 创建热点超链接

（1）选中第一行嵌套表格右侧单元格中的图片"mei2.gif"，在下方的属性面板中选中矩形热点工具 □。

（2）将鼠标移至"mei2.gif"，此时鼠标变成"十"形状，在"宋词赏析网"上拖曳鼠标创建一矩形热区，如图 5-21 所示。

（3）在下方属性面板的"链接"文本框中直接输入百度百科网址：
http://baike.baidu.com/。

在"目标"下拉列表中选择"_blank"。

（4）保存并在 IE 浏览器中预览，当指向图像热区时，鼠标变为手指形状，单击该区域会打开目标链接。

（5）用上述方法在"mei2.gif"图片的其他位置再设置一个椭圆或多边形热区，并设置超链接到另一个网址。预览时观察单击不同的热区打开的目标链接不同。

5. 设置锚点超链接

超链接可以实现在多个网页之间进行跳转，也可以在同一个页面里跳转。它的最大优点是可以迅速跳到网页的某部分。

（1）选择"文件/打开"命令，打开 D:\source\page\词人介绍.htm 网页文件。

（2）设置锚记。

① 将光标定位在第一节小标题"辛弃疾（公元 1140—1207）"前，在"常用"选项卡中单击"命名锚记"按钮 🖼，弹出"命名锚记"对话框，在对话框中输入"锚记名称"为"辛弃疾"，如图 5-22 所示。

图 5-21　热点超链接　　　　　　　　　图 5-22　"命名锚记"对话框

② 单击"确定"按钮，完成"辛弃疾（公元 1140—1207）"锚记的设置，此时可见小标题前方出现一个锚记符号 🖼。

（3）设置指向该锚记的超链接。

① 选中页首目录标题"辛弃疾（南宋）"，在其对应的"属性"面板的"链接"文本框后，选

择"指向文件"按钮 🔘，拖曳一个箭头到锚点上，如图 5-23 所示（或者直接在"链接"文本框中输入"#辛弃疾"）。

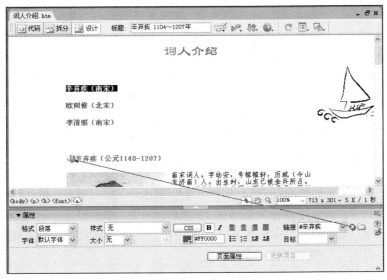

图 5-23　设置锚记超链接

② 使用同样的方法，分别为其余小标题设置相应的锚记超链接。

为"欧阳修（北宋）"设置锚记超链接到"欧阳修（公元 1007—1072）"。

为"李清照（南宋）"设置锚记超链接到"李清照（公元 1084—1151）"。

（4）设置"返回"超链接。在页首标题"词人介绍"前插入锚记，锚记名称取为"页首"；再分别选中每小节最后一行文本"返回顶部<<"，设置锚记超链接到"页首"。

（5）测试超链接效果。单击"保存"按钮，保存该网页。在 IE 浏览器中，测试以上锚记超链接效果。观察：鼠标单击设置了锚记的超链接文字（如"辛弃疾（南宋）"），将跳转到锚记位置，如"辛弃疾（公元 1140—1207）"处。

提示

　　当网页文本较长时，使用锚记来快速定位网页的相关位置，这是网页中常用的技术。

实验五　表单的使用

一、实验目的

1. 掌握插入表单的方法。
2. 掌握在表单中设置控件的方法。

二、实验内容

在网页中设置表单，完成后的效果如图 5-24 所示。

图 5-24　完成后的表单

三、实验步骤

（1）新建网页并输入标题。启动 Dreamweaver，新建一个空白网页。将光标定位在网页的开始部分，输入标题"个人资料"，标题设置为 24 像素，加粗，居中对齐。

（2）插入表单。将光标定位在标题下一行，选择"插入/表单/表单"菜单命令，就在网页中插入了一个空白表单，如图 5-25 所示。

（3）使用表格布局。

① 将光标定位在红色虚线框的表单区内，插入表格，并进行如下设置：

表格大小为 5 行 2 列；对齐方式为水平居中；边框粗细为 1；宽度为 500 像素。

② 单击"确定"按钮，返回编辑窗口，如图 5-26 所示。

图 5-25　插入表单区

图 5-26　使用表格布局

提示

　　　　　　使用表格布局可对齐表单元素，使得界面更美观。

（4）插入文本域。

① 将光标定位在表格第一个单元格中，输入"姓名:"。

② 将光标定位在第一行第二列单元格中，选择"插入/表单/文本域"菜单命令，网页中出现一个实线框，表示文本域。

③ 选中文本域，在属性面板中设置"字符宽度"为 15，"初始值"为"请在此输入姓名"。保存并在 IE 浏览器中预览，在文本域中输入文字，观察文本域在两种视图下有哪些不同。

提示

　　　　　　如在属性面板的"类型"中选择"密码"选项，则在 IE 浏览器中预览时，在该密码框中输入任何信息都将以"●"符号显示。

（5）插入单选按钮。

① 将光标定位在第二行第一列单元格中，输入"性别:"。

② 将光标定位在第二行第二列单元格中，选择"插入/表单/单选按钮"菜单命令，网页中出现一个单选按钮。在单选按钮后输入文本"男"，并在文本后输入一个空格。

③ 如第②步所述方法插入单选按钮，并设置单选按钮后文本为"女"。

④ 保存并在 IE 浏览器中预览，单击选择项"男"或"女"前面的圆形单选按钮 ⊙，观察同一时间内黑点只能在一个圆形单选按钮中出现，表示同一时间内只能选择一个选项。

⑤ 返回到"设计"视图，选中"女"前的单选按钮，在下方属性面板中，设置初始状态为"已勾选"。

⑥ 单击"确定"按钮，观察单选按钮的改变。

 单选按钮在同一时间内只能选择其一。选中"已勾选"项，表示网页中的这个单选按钮为默认选中。

（6）插入列表/菜单。

① 将光标定位在第三行第一列单元格中，输入"学历:"。

② 将光标定位在第三行第二列单元格中，选择"插入/表单/ '列表/菜单'"菜单命令，网页中出现一个下拉菜单 ▾ 。

③ 选中该下拉菜单，在属性面板中单击 列表值... 按钮。

④ 在弹出的"列表值"对话框中，选择 ➕ 按钮，在"选项标签"下方的文本框中输入"小学"。

⑤ 如④所述方法，再分别添加"初中"、"高中"、"大学"几个选项值，单击"确定"按钮。

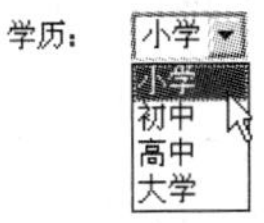

图 5-27　下拉菜单选项

⑥ 保存并在 IE 浏览器中预览，观察下拉菜单按钮效果，如图 5-27 所示。

（7）插入复选框。

① 将光标定位在第四行第一列单元格中，输入"爱好:"。

② 将光标定位在第四行第二列单元格中，选择"插入/表单/复选框"菜单命令，网页中出现一个正方形的复选框按钮 ▢ 。在复选框后输入文本"足球"，并在文本后输入一个空格。

③ 重复第②步，设置成如图 5-24 所示的复选框效果。

④ 选中"足球"前的复选框，在属性面板中，修改初始状态为"已勾选"。

⑤ 保存并在 IE 浏览器中预览，查看复选框设置效果。

 复选框按钮可多选。

（8）插入文本区域。

① 将光标定位在第五行第一列单元格中，输入"自我介绍:"。

② 将光标定位在第五行第二列单元格中，选择"插入/表单/文本区域"菜单命令，网页中出现一个含有滚动条的文本区域。

③ 选中文本区域，在下方的属性面板，将"字符宽度"改为 40，"行数"改为 10，单击"确

定"按钮，观察改动后的效果。

④ 保存并在 IE 浏览器中预览，随意输入一段长文本，当文字在文本区域中显示不下时，文本框右侧将出现滚动条。

文本区域一般用来输入长文本信息。

（9）插入按钮。

① 将光标定位在表格下方一行，选择"插入/表单/ 按钮"命令，网页中出现一个"提交"按钮。

② 选中该按钮，在下方属性面板中将"值"改为"确定"，"动作"默认为"提交表单"。

③ 用同样的方法在右侧再插入一个按钮，将"值"改为"取消"，"动作"改为"重设表单"。

④ 保存并在 IE 浏览器中预览，观察修改后的按钮。

（10）将网页保存在 D:\source\page 文件夹下，网页名为"个人资料.htm"。

实验六　使用框架布局网页

一、实验目的

掌握框架网页的设计方法。

二、实验内容

1. 设计目录框架结构网页。完成目录框架效果如图 5-28 所示。
2. 设置横幅和目录框架结构网页。完成横幅和目录框架效果如图 5-29 所示。

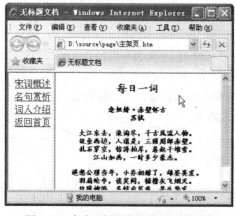

图 5-28　完成左侧固定框架网页效果图

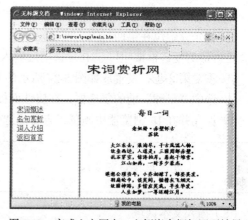

图 5-29　完成上方固定，左侧嵌套框架网页效果

三、实验步骤

本实验中所用到的素材及设计生成的网页都保存在 D:\source\page 文件夹中。

1. 设计"左侧固定"框架结构网页

先将"宋词赏析网"主页设计成如图 5-28 所示的"左侧固定"框架结构网页。该页面将整个浏览器窗口分解成两个框架，通过单击左框架的超链接文字能改变右框架的显示内容。

（1）启动 Dreamweaver，打开网页编辑窗口。

（2）创建框架网页。

① 选择"文件/新建"菜单命令，在弹出的"新建文档"对话框中选择"常规"标签，在"框架集"选项中选择"左侧固定"框架，单击"创建"按钮。

② 网页编辑窗口被分割为左右两部分，且此时在文档窗口左上角显示的是框架集网页的默认名称，如图 5-30 所示。

（3）编辑框架中的网页。

① 将光标定位在左框架中，此时在文档窗口左上角显示的是左框架网页的默认名称，如图 5-31 所示。

图 5-30　创建左侧固定框架集

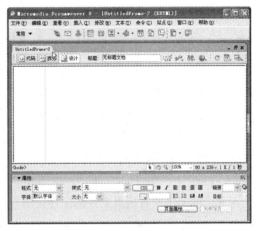

图 5-31　定位在左侧框架网页

② 先在该空白网页中插入一个 4 行 1 列的表格，表格边框粗细值设置为 0，再在 4 个单元格中分别输入文本"宋词概述"、"名句赏析"、"词人介绍"、"返回首页"。

③ 将光标定位在右框架中，此时在文档窗口左上角显示的是右框架网页的默认名称，将"D:\source\page\每日一词.txt"文档中的文字复制到右框架网页中，设置格式如下：

所有文字在网页中水平居中对齐；

标题"每日一词"字体为楷体_GB2312、字号为 18 像素、加粗、颜色为褐色，对应的 RGB值为#800000；

其余字体为楷体_GB2312、字号为 12 像素、加粗。

效果如图 5-32 所示。

（4）保存框架网页。

① 选择"文件/保存全部"按钮，弹出"另存为"对话框，如图 5-32 所示。

图 5-32　编辑框架中的网页

② 保存框架集网页文件。将框架集网页保存在 D:\source\page 中，"文件名"为"主架页.htm"（即框架结构），单击"保存"按钮，如图 5-33 所示。

③ 继续保存右框架网页文件。在新弹出的"另存为"对话框中，将右框架网页文件也保存在 D:\source\page 中，"文件名"为"右架页.htm"（表示右框架页面）。单击"保存"按钮，如图 5-34 所示。

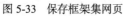

图 5-33 保存框架集网页　　　　　　　图 5-34 保存外部框架

④ 继续保存左框架网页文件。在新弹出的"另存为"对话框中，将左框架网页文件也保存在 D:\source\page 中，"文件名"为"左架页.htm"（表示左框架页面），单击"保存"按钮。

至此，框架中所有网页文件都保存完毕。

在 Dreamweaver 中，保存框架网页的顺序一般是先保存框架集网页文件，再按照从下至上、从右至左的顺序依次保存各框架网页文件。

在保存某一部分的框架网页文件时，该框架周围会出现斜线提示框。

（5）设置框架之间的超链接。

① 在 Dreamweaver 的框架编辑窗口，选中左框架中的文字"宋词概述"。

② 在下方的属性面板中，单击"链接"选项后的 按钮，在弹出的"选择文件"对话框中选择文件 D:\source\page\宋词概述.htm。

③ 单击"确定"按钮，返回编辑窗口。

④ 在属性面板中，选择"目标"下拉列表中的"mainframe"（表示在右框架中打开链接文件）。

⑤ 保存并在 IE 浏览器中预览，单击设置了超链接的文字"宋词概述"，右框架窗口出现相应的网页内容。

⑥ 返回 Dreamweaver "设计"视图，再用上述方法，分别设置如下超链接：

将"名句赏析"超链接到网页文件"名句赏析.htm"；

将"词人介绍"超链接到网页文件"词人介绍.htm"；

将"返回首页"超链接到网页文件"右架页.htm"。

属性面板中的"目标"都设置为"mainframe"。

⑦ 保存并在 IE 浏览器中预览，单击左框架网页超链接，观察右框架网页内容变化。

（6）设置目标框架。

① 在"设计"视图下，选中左框架网页中的文字"宋词概述"，在属性面板中，选择"目标"下拉列表中的"_self"选项，该选项表示超链接的目的地为自身框架（即单击左窗口中的超链接文字，仍旧是在左窗口中打开相应网页内容）。

② 保存并在 IE 浏览器中预览，单击左框架中的"宋词概述"，观察网页在左窗口打开。"目标"为"_self"，使得网页内容在超链接文字自身所在框架窗口（左侧窗口）打开。

如果在"目标"中选择"leftFrame"选项，将得到一样的显示效果，都是在左侧框架打开目标网页。

其中，"leftFrame"是左框架的默认名称；而"mainFrame"是右框架的默认名称，如果选择"mainFrame"则表示在右框架打开目标网页。

③ 用上述方法，将"名句赏析"设置"目标"为"_blank"， 保存并在 IE 浏览器中预览，单击超链接文字"名句赏析"，观察网页在弹出的新窗口打开。

④ 用上述方法，将"词人介绍"设置"目标"为"_parent"（表示目标网页在父框架打开），保存并在 IE 浏览器中预览，单击超链接文字"词人介绍"，观察左右窗口被整个独立主窗口覆盖，网页内容显示在主窗口中。

在该例中，如果选择"目标"为"_top"，将得到一样的显示效果，都是在主窗口打开目标网页。

框架就是把浏览器窗口分成几个部分，每个部分都是独立的网页，这样在一个屏幕上可同时观看多个页面，增加了信息量。还可以在同一屏幕的各个框架之间设置超链接，很多网站具有这种结构。

2. 设置"上方固定，左侧嵌套"框架结构网页

将上例"宋词赏析网"主页改造成一个如图 5-29 所示的"上方固定，左侧嵌套"框架结构网页。该页面将整个浏览器窗口分解成 3 个框架，上面一个和下面两个。

上方框架固定作为网页标题使用，该框架独立运行，浏览者无法改变其内容，也不会受其他框架的控制。

下方框架结构同上例"左侧固定"框架的组织结构。

（1）新建网页。

① 选择"文件/新建"菜单命令，在弹出的"新建文档"对话框中选择"常规"标签，在"框架集"选项中选择"上方固定，左侧嵌套"框架，单击"创建"按钮，此时网页编辑窗口被分割为 3 个部分。

② 将光标定位在上框架中，在网页中输入标题文字"宋词赏析网"，并设置字体格式为隶书、36 像素、居中、褐色（RGB 值为#800000），如图 5-29 所示。

（2）设置框架源文件。

① 选择"窗口/框架"菜单命令，在弹出的"框架"面板上，单击左下角框架 leftFrame。

② 此时，在属性面板中单击"源文件"后的 按钮，在弹出的"选择 HTML 文件"对话框中，选择 D:\source\page\左架页.htm。

③ 单击"确定"按钮，返回编辑界面，"左架页.htm"装入左下角框架中，如图 5-35 所示。

④ 用同样方法，选中右下角框架 mainFrame，将 D:\source\page\右架页.htm 装入右下角框架，最终完成效果如图 5-29 所示。

（3）保存框架网页。

① 选择"文件/保存全部"按钮，弹出"另存为"对话框。

② 首先保存的是框架集网页文件。将框架集网页保存在 D:\source\page 中，"文件名"为"main.htm"（即框架结构），单击"保存"按钮。

③ 继续保存上框架网页文件。在新弹出的"另存为"对话框中，将上框架网页文件也保存在 D:\source\page 中，"文件名"为"top.htm"（表示上框架页面）。单击"保存"按钮，如图 5-36 所示。

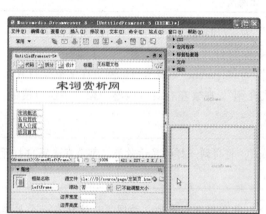

图 5-35　设置左下角框架源文件

图 5-36　保存上框架网页文件

提示　　　请注意如果通过设置框架源文件将已有独立页面装入框架中，则不需要再对其进行保存，如上例中的"左架页.htm"和"右架页.htm"被分别装入 leftFrame 和 mainFrame 中，则不需要再对这两个部分进行保存。

3. 设置框架属性

（1）设置框架大小。

① 打开网页 D:\source\page\main.htm，在"框架"面板上单击最外边线，选中整个框架集，如图 5-37 所示。

② 此时，在属性面板中设置"行"值为 100 像素，观察上框架高度值变为 100 像素。

③ 在"框架"面板上，单击下框架最外边线，选中整个下部嵌套的框架集，如图 5-38 所示。

④ 此时，在属性面板中设置"列"值为 30 百分比，观察左下框架宽度值占整个窗口宽度的 30%。

（2）框架边框是否显示。

① 在"框架"面板上，单击下框架最外边线，选中整个下部嵌套的框架集，在属性面板中选择"边框"下拉列表中的"是"，并将"边框宽度"设置为 1，边框颜色设置为红色，对应的 RGB 值为 #FF0000，如图 5-38 所示。

② 在"框架"面板上，单击最外边线，选中整个框架集，在属性面板中选择"边框"下拉列

表中的"是",并将"边框宽度"设置为2,边框颜色设置为蓝色,对应的RGB值为#0000FF。

图 5-37 设置上框架高度

图 5-38 框架边框设置

③ 保存并在 IE 浏览器中预览框架边框的显示效果。

④ 单击"保存"按钮,保存该网页。

(3)设置框架大小是否可调整。

① 在"框架"面板上,单击左下角框架 leftFrame,选中左下角框架,如图 5-35 所示。

② 此时,在属性面板中将"不能调整大小"前面的勾取消。

③ 保存并在 IE 浏览器中预览,观察:当鼠标移动到下框架竖线上时,可左右拖曳改变框架宽度,如图 5-39 所示。

图 5-39 取消"显示边框"

提示　如果要隐藏边框,可在框架集中设置"边框"为"否",或将"边框宽度"设置为 0。

实验七　综合练习

要求:所有网页都保存在 D:\source\page 文件夹下,网页设计中用到的图片素材均保存在 D:\source\page\photo 文件夹下。

(1) 新建"上方固定,左侧嵌套"框架集网页,分别将上框架网页、左框架网页、右框架网页和主框架页保存为 top.htm、left.htm、right.htm 和 main.htm。

将框架边框设置为显示,边框宽度为 1 像素。

(2) 设置上架页(top.htm)框架高度为 100 像素。

页面属性背景为蓝色。

输入文字"信息工程学院主页",设置为隶书、72 像素、居中、白色。

（3）设置左架页（left.htm）框架宽度为 20%。

在左架页（left.htm）上插入 3 个 Flash 按钮，按钮样式为"Glass-Turquoise"（选择"插入/媒体/Flash 按钮"菜单命令）。按钮的宽度为 150 像素，高度为 50 像素。

分别设置 3 个按钮文本为"院系介绍"、"用户注册"和"联系我们"。

3 个按钮文件都保存在 D:\source\page 文件夹下，分别命名为 yxjs.swf、yhzc.swf 和 lxwm.swf。

（4）设置如图 5-40 所示的右架页（right.htm）。

在页面中插入一个 3 行 3 列表格，表格对齐方式为"居中对齐"，背景颜色为白色。

如图 5-40 所示合并第一列单元格，并在第一列单元格中输入"院系介绍"，华文新魏，48 像素。设置单元格属性为黄色背景。

如图 5-40 所示在相应单元格中输入文字，分别设置小标题"信息工程学院简介"和"信息工程学院专业设置"为黑体，24 像素，居中；介绍文字为 14 像素。

在"信息工程学院简介"下方单元格中插入图像"jianjie.jpg"。

在"信息工程学院专业设置"下方单元格中插入"鼠标经过图像"，原始图像为"1.jpg"，鼠标经过图像为"2.jpg"。

图片对象都设置为高 250 像素，宽 180 像素。

将图片 computer.jpg 作为网页的背景图。

（5）新建一张普通网页，以文件名 zhuce.htm 保存在 D:\source\page 下，设计如图 5-41 所示的表单页面。

图 5-40 设置框架网页

图 5-41 表单页面

所有表单控件都要放在一个表单区域——即一个虚线框中。

（6）将"院系介绍"按钮超链接到 right.htm，右框架窗口打开网页。

- "用户注册"按钮超链接到 zhuce.htm，在上框架窗口页打开网页。
- 将"联系我们"按钮超链接到 master@hotmail.com。
- 将"信息工程学院简介"下方的图像超链接到 jianjie.ppt。
- 将"信息工程学院专业设置"下方的鼠标经过图像超链接到网址 http://www.hkc.edu.cn，弹出新窗口打开网页。

第6章
综合操作题

第 一 套

第一题 Windows 操作

所有操作在 D:\source_1\windows1 文件夹下完成。

1. 将考生文件夹下 VERSON 文件夹中的文件 LEAFT.SOP 复制到同一文件夹中，并将该文件名改为 BEAUTY.SOP。

2. 将考生文件夹下 CARD 文件夹中建立一个新文件 WOLDMAN.DOC。

3. 将考生文件夹中 HEART\BEEN 文件夹中的文件 MONKEY.STP 的属性修改为只读属性。

4. 将考生文件夹下 MEANSE 文件夹中的文件 POPER.CRP 删除。

5. 将考生文件夹下 PEAD 文件夹中的文件 SILVER.GOD 移动到考生文件夹下 PRINT\SPEAK 文件夹中，并将文件名改为 BEACON.GQD。

第二题 Word 操作题

打开 D:\source_1 中的 word01. doc 文档，完成操作后按原名保存。

1. 页面设置：上、下、左、右边距分别为 2. 5 厘米，纸张大小为 16 开；设置页眉内容为"投资理财"，左对齐；在页面底端右侧位置插入页码。

2. 字体设置：标题"基金投资应树立五种新理念"设置为隶书，四号字，深红色，加粗，居中对齐，并加上黄色底纹（文字加底纹）。正文部分设置为幼圆字体。

3. 章段落顺序有错误，请调整，并设置段落格式悬挂缩进 2 个字符。行间距固定值为 20 磅。

4. 对第三段设置分栏，分 2 栏，加分隔线。

5. 新建名称为"样式 CCC"样式（设置为宋体、小四号字、蓝色、倾斜、波浪线，段落格式首行缩进 2 字符），并将该样式应用到第一段。

6. 把文中所有"基金"设置为红色，加粗格式。

7. 在第一页中插入剪贴画"商业"类别中的阶梯图片名"奋斗"，并设置为水印格式，衬于文字下方，大小填充整个页面（注意：不要覆盖了页眉页脚）。

第三题　Excel 操作题

打开 D:\source_1 中的 Excel01. xls 文档，完成操作后按原名保存。

1. 在 Sheet1 的最左边插入一列输入"选手序号"，并为该列填充序号"001,002,…"；设置表格的标题行合并居中。

2. 利用公式或函数求出"平均得分"；利用 IF 函数做出评价：若"平均得分"大于 9 分为"优秀"，若大于 8 分为"良好"，否则为"一般"。

3. 按"平均得分"降序排序，根据排序后的结果，在"名次"列做排名"第 1 名，第 2 名，…"。

4. 复制 Sheet1 工作表中数据到 Sheet2 中，在 Sheet2 中做分类汇总：以"唱法"为分类字段，"最大值"为汇总方式，对"平均得分"项做分类汇总。

5. 在 Sheet1 表中，筛选出"民族"唱法的选手记录，复制结果到表格下方 A20 起始的单元格处。

6. 根据上题筛选结果创建一个柱形图，以"选手姓名"和"平均得分"列为数据区域，图表标题为"民族唱法选手得分统计图"，按样图所示格式化图表。

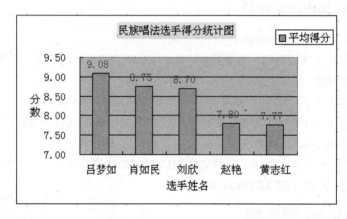

第四题　PowerPoint 操作

打开 D:\source_1 中的名为 pt01. ppt 的演示文稿，完成操作后按原名保存。

1. 将第 1 张幻灯片与第 2 张调换位置，并删除最后 1 张幻灯片。

2. 在第 3 张幻灯片后插入 1 张"项目清单"版式的幻灯片，在标题占位符内输入"读句子，体会加红的词语"；文本占位符中的内容来自文档"素材.doc"。将"非这样做不可"和"总能熬过去"文字设为楷体，红色，32 号。

3. 在第 4 张幻灯片使用图片 bingjing.jpg 作为背景。将标题、文本分别设置为"回旋"、"溶解"动画，动画播放顺序为文本、标题，在前一事件后 2 秒自动启动。对所有幻灯片设置统一的切换动画效果，盒状展开、中速、单击鼠标换页、风铃声音。

4. 使所有幻灯片的页脚位置显示"多媒体课件"字样，右侧显示幻灯片编号。

5. 在"列夫·托尔斯泰"上建立链接，使其与"www.king.com"网址相链接。

第五题　上网操作题

1. 用 IE 浏览器打开如下地址：Http://www.baidu.com（若无条件上网时，可在浏览器中打开文件夹 D:\source_1\page1\中的 muxing.htm 网页文件），在搜索栏中输入有关"木星"天文知识网页，将相关网页内容以文本文件的格式保存到 D:\source_1 中，文件名为"Test1"。

2．用 Outlook Express 编辑电子邮件。

收信地址：mail4test2163. com

主题：考研

将 D:\source_1 中 Test1．txt 作为附件粘贴到信件中。

信件正文如下：

您好！

　　现将考研信息发给您，见附件，请查阅，如果需要更详细的资料，请回信索取。

　　　　此致

　　敬礼！

第　二　套

第一题　Windows 操作

所有操作在 D:\source_2\windows2 文件夹下完成。

1．将考生文件夹下 FENG\WANG 文件夹中的文件 BOOK.DBT 移动到考生文件夹下的 CHANG 文件夹中，并将该文件改名为 TEXT.PRG。

2．将考生文件夹下 CHU 文件夹中新文件 JIANG.TMP 删除。

3．将考生文件夹下 REI 文件夹中的文件 SONG.FOR 复制到考生文件夹 CHENG 文件夹中。

4．在考生文件夹下 MAO 文件夹中建立一个新文件夹 YANG。

5．将考生文件夹下 ZHOU\DENG 文件夹中的文件 OWER.DBF 设置为隐藏和存档属性。

第二题　Word 操作题

打开 D:\source_2 中的 word 02.doc 文档，完成操作后按原名保存。

1．页面设置：上、下、左、右边距分别为 3 厘米，纸张大小为 16 开；设置页眉内容为："长安汽车集团"，居中对齐；在页面底端右侧位置插入页码。

2．将标题段（"长安奔奔微型轿车简介"）文字设置为二号红色楷体_GB2312、加粗、添加着重号，并居中对齐。

3．将正文各段（"2006 年 11 月……车身侧倾不大。"）中的中文文字设置为小四号宋体、西文文字设置为小四号 Arial 字体；行距 18 磅，各段落段前间距 0.2 行。

4．将最后一段（"奔奔的底盘……车身倾不大。"）分为等宽两栏，栏间距 3 字符，栏间添加分隔线。

5．在正文中插入图片 d:\ source_2\图片.jpg，设置其大小为高 4 厘米、宽 5 厘米，并设置环绕方式为四周型。

6．将文中"奔奔主要技术参数"下方的 7 行文字转换成一个 7 行 2 列的表格，并使用表格自动套用格式的"简明型 1"修改表格样式；设置表格居中，表格中所有文字中部居中；设置表格列宽为 5 厘米、行高为 0.6 厘米，设置表格所有单元格的左、右边距均为 0.3 厘米（使用"表格属性"对话框中的"单元格"选项进行设置）。

7. 在表格最后一行之后添加一行，并在"参数名称"列输入"发动机型号"，在"参数值"列输入"JL474Q2"。

第三题　Excel 操作题

打开 D:\source_2 中的 Excel02. xls 文档，完成操作后按原名保存。

1. Sheet1 更名为"原始表"，Sheet2 更名为"统计表"；设置标题格式为隶书，字号 22，行高为 30，并合并居中。给"编号"列填充"001，002，003，…"序号。

2. 边框底纹：除标题外的数据区域设置蓝色粗线外框，红色细线内框，给第 2 行字段名称设置浅灰色底纹。

3. 函数与公式：使用求和函数求出"应发工资"（应发工资=奖金+浮动工资+基本工资）；使用 IF 函数求出"应税额"（应发工资超过 1500 元，应税额为超过部分的 5%）；使用公式求出"实发工资"（实发工资=应发工资-扣款-应税额）。

4. 将"原始表"中的数据复制到"统计表"中，以"部门"为分类字段，"平均值"为汇总方式，"实发工资"为汇总项完成分类汇总。

5. 在"统计表"中依据计划部门工资相关数据，插入如下所示图表。

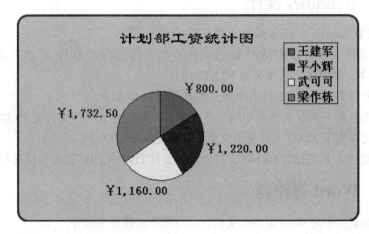

第四题　PowerPoint 操作

打开 D:\source_2 文件夹下的演示文稿 pt02. ppt，按照下列要求完成对此文稿的修饰并保存。

1. 在第 1 张幻灯片中插入形状为"波形 1"的艺术字"京津城铁试运行"，位置为水平：6 厘米，度量依据：左上角，垂直：7 厘米，度量依据：左上角。

2. 将第 2 张幻灯片的版式改为"标题和两栏"，在右侧文本区输入"一等车厢票价不高于 70 元，二等车厢票价不高于 60 元。" 右侧文本设置为"楷体_GB2312"、47 磅。

3. 将第 4 张幻灯片的图片复制到第 3 张幻灯片的内容区域；删除第 4 张幻灯片。

4. 在第 3 张幻灯片的标题文本"列车快速舒适"上设置超链接，链接对象是第 2 张幻灯片。

5. 设置第 3 张幻灯片上的图片动画效果为"向内溶解"，中速。所有幻灯片的切换效果设置为"向上插入"，风铃声音。

6. 第 1 张幻灯片的背景设置为"金乌坠地"预设颜色、"水平"底纹样式。

7. 幻灯片放映方式改为"演讲者放映"。

第五题　上网操作题

编辑 D:\source_2\page2 中的网页文件 fp01. htm，完成下列操作后原名保存。

1. 向同事张兵发送一个 E-mail，并将考生文件夹下的一个 Word 文档 Hig.doc 作为附件一起发出去，文档位置在 D:\source_2\page2 中。具体方法如下。

【收件人】zhangbing@sohu.com

【抄送】

【主题】合同书

【函件内容】发去一个合同书，具体见附件。

　　　"格式"菜单中的"编码"命令中用"简体中文（GB2312）"项。邮件发送格式为"多信息文本（HTML）"

2. 打开 http://www.hkc.edu.cn（若无条件上网时，可在浏览器中打开文件夹 D:\source_2\page2\ 中的 index.mht 网页文件）页面浏览，将该页内容以文本文件的格式保存到 D:\source_2 中，文件名为"Test2. txt"。

第　三　套

第一题　Windows 操作

所有操作在 D:\source_3\windows3 文件夹下完成。

1. 将考生文件夹下 LOCK.FOR 文件复制到考生文件夹下 HQWE 文件夹中。

2. 将考生文件夹下 BETF 文件夹中 DNUM.BBT 文件删除。

3. 为考生文件夹中的 GREAT 文件夹中的 BOY.EXE 文件建立名为 BOY 的快捷方式，并存放在考生文件夹中。

4. 将考生文件夹下 COMPUTER 文件夹中的 INTER.TXT 文件移动到考生文件夹中，并重命名为 PENTIUM.TXT。

5. 在考生文件夹下 GUMQ 文件夹中创建名为 ACERP 的文件夹，并设置属性为隐藏。

第二题　Word 操作题

打开 D:\source_3 中的 word03. doc 文档，完成操作后按原名保存。

1. 页面设置：设置纸张大小为 16 开；上下页边距为 2 厘米；装订线 0.5 厘米；设置页眉内容为"守望幸福"，左对齐；在页脚右侧位置显示页码。

2. 设置标题格式为华文行楷，二号，红色，居中，字符缩放 200%；设置正文格式为楷体，段落格式首字缩进 2 字符，段前间距 6 磅，1.2 倍行距。

3. 利用替换功能，设置正文中所有"幸福"两字为紫色加波浪线。

4. 把第 4 段与第 5 段交换位置，设置第 3 段格式为首字下沉，下沉 2 行；设置正文第 2 段加浅黄色底纹，底纹应用范围为文字；第 5 段设置分栏，分 3 栏，加分隔线。

5. 在文档中插入图片"幸福时刻.jpg"（图片在 D:\source_3 中），设置图片版式：衬于文字下方，水印效果，调整尺寸为页面大小（不要覆盖页眉页脚），使其作为第一页的背景。

6. 根据文档末尾中表格样张，在其下方位置制作表格，要求与所提供的表格样式基本一致。

第三题　Excel 操作题

打开 D:\source_3 中的 Excel03. xls 文档，完成操作后按原名保存。

1. 在学号列输入个人的学号，形式为 001，002，003，…。

2. 利用表中的数据计算出每位学生的平均成绩。

3. 设置标题行的字体为隶书，字号为 36 号，颜色为红色。

4. 根据"平均成绩"进行判断，对于平均成绩大于等于 80 分的总评为"优秀"，平均成绩大于等于 70 分小于 80 分的总评为良好，平均成绩小于 70 分的为一般。

5. 给表中 A2：I13 区域加边框。

6. 利用表中的数据生成如图所示的簇状柱形图表。

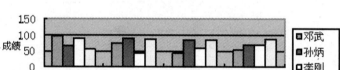

第四题　PowerPoint 操作

打开 D:\source_3 文件夹下的演示文稿 pt03. ppt，按照下列要求完成对此文稿的修饰并保存。

1. 对第 1 张幻灯片，主标题文字输入"太阳系是否存在第十大行星"，其字体为"黑体"，字号为 61 磅，加粗，颜色为红色（请用自定义标签的红色 250、绿色 0、蓝色 0）。副标题输入"齐娜"是第十大行星？"，其字体为"楷体_Gb2312"，字号为 39 磅。

2. 将第 4 张幻灯片的图片插到第 2 张幻灯片的剪贴画区域；删除第 4 张幻灯片。

3. 将第 3 张幻灯片的剪贴画区域插入有关"科学"的剪贴画，且剪贴画动画设置为"进入—百叶窗、水平"。

4. 将第 1 张幻灯片的背景填充预设为"碧海晴天"，底纹式样为"斜上"。

5. 全部幻灯片切换效果为"向左下插入"。

第五题　上网操作题

编辑 D:\source_3\page3 中的网页文件 fp01. htm，完成下列操作后原名保存。

1. 教师节快带了，给老师们发一封邮件，送上自己的祝福。

请使用 Outlook Express，新建一封邮件，收件人为：lijianhua@sina.com。

抄送至：zhangdachuan@yanhoo.com，songde@163. com 和 davie_liu@gmail.com。

主题为：教师节快乐！

信件正文如下：

亲爱的老师，您好！

在教师节来临之际，送上我最真挚的祝福，老师，您辛苦了！

祝您身体健康，永远年轻！

此致

敬礼！

您的学生：小丽

2. 打开网页 http://www.chinaedu.edu.cn（若无条件上网时，可在浏览器中打开文件夹 D:\source_3\page3\中的 index.mht 网页文件），并浏览该网页上的 "以情育人，以生为友" 链接信息，将该页内容以文本文件的格式保存到 D:\source_3 中，文件名为 "Test3. txt"。

第7章
选择题题库

第一节 基 础 知 识

1. 世界上第一台计算机诞生于（   ）。
   （A）1946 年　　　（B）1947 年　　　（C）1971 年　　　（D）1964 年
2. 世界上第一台电子计算机的逻辑元件是（   ）。
   （A）继电器　　　（B）晶体管　　　（C）电子管　　　（D）集成电路
3. 汉字机内码占（   ）字节。
   （A）1　　　　　（B）2　　　　　（C）3　　　　　（D）4
4. 不属于输入设备的是（   ）。
   （A）光笔　　　　（B）打印机　　　（C）键盘　　　　（D）鼠标
5. 计算机内的数据都是以（   ）进制表示。
   （A）二　　　　　（B）八　　　　　（C）十　　　　　（D）十六
6. 计算机最初的功能是（   ）。
   （A）数据处理　　（B）过程控制　　（C）辅助制造　　（D）科学计算
7. 在计算机应用中，计算机辅助制造英文名是（   ）。
   （A）CAI　　　　（B）CAM　　　　（C）CAT　　　　（D）CAD
8. 目前最常用的数据库类型是（   ）。
   （A）关系型　　　（B）层次型　　　（C）网络型　　　（D）图像处理型
9. 在计算机内，多媒体数据最终是以（   ）形式存在的。
   （A）二进制代码　（B）BCD 码　　　（C）虚拟数据　　（D）图形
10. 电子计算机已经历了 4 个阶段的发展，不同阶段计算机的主要元器件分别是（   ）。
    （A）电子管、晶体管、集成电路、激光器件
    （B）电子管、晶体管、集成电路、大规模集成电路
    （C）晶体管、集成电路、激光器件、光介质
    （D）晶体管、数码管、集成电路、激光器件
11. 操作系统是计算机系统中的（   ）。
    （A）核心系统软件　　　　　　　　（B）关键的硬件部件
    （C）广泛使用的应用软件　　　　　（D）外部设备

12. 第一次提出了计算机的存储概念，并确定了计算机基本结构的人是（　　）。

（A）冯·诺依曼　　（B）爱因斯坦　　　　（C）牛顿　　　　　　（D）爱迪生

13. 光驱的倍速越大，表示（　　）。

（A）纠错能力越强　　　　　　　　　　（B）数据传输越快

（C）播放 VCD 效果越好　　　　　　　　（D）容量越大

14. 下面属于操作系统软件的是（　　）。

（A）Word　　　　　（B）Pentium II　　　（C）Windows XP　　（D）Internet

15. 利用计算机的软、硬件资源为某一专门的应用目的而开发的软件称为（　　）。

（A）应用软件　　　（B）系统软件　　　　（C）教学软件　　　　（D）多媒体软件

16. （　　）是指用计算机模拟人类的智能。

（A）虚拟现实　　　（B）人工智能　　　　（C）科学计算　　　　（D）多媒体

17. 采用大规模和超大规模集成电路的计算机属于（　　）。

（A）第一代计算机　　　　　　　　　　（B）第二代计算机

（C）第三代计算机　　　　　　　　　　（D）第四代计算机

18. 个人计算机属于（　　）。

（A）小巨型机　　　（B）小型计算机　　　（C）微型计算机　　　（D）中型计算机

19. 电子商务是指（　　）。

（A）利用计算机和网络进行的商务活动

（B）政府机构运用现代计算机和网络技术，将其管理和服务职能转移到网络上去完成

（C）与电有关的商务事物

（D）买卖计算机的商业活动

20. 动态 DRAM 的特点是（　　）。

（A）在不断电的条件下，其中的信息保持不变，因而不必定期刷新

（B）在不断电的条件下，其中的信息不能长时间保持，因而必须定期刷新

（C）其中的信息只能读不能写

（D）其中的信息断电后不会消失

21. 计算机西文字符常用（　　）编码方式。

（A）ASCII　　　　（B）HTML　　　　　（C）二进制　　　　　（D）BCD

22. 关于 ROM 的叙述，正确的是（　　）。

（A）ROM 即随机存取存储器　　　　　　（B）ROM 的内容可以用特殊的方法修改

（C）ROM 的容量一般比 RAM 要大　　　 （D）ROM 中一般存放计算机杀毒程序

23. 从外观上看一般计算机包括（　　）。

（A）主机、键盘、显示器、鼠标　　　　（B）硬盘、软盘、打印机

（C）显示器、打印机、扫描仪　　　　　（D）硬件系统和软件系统

24. （　　）不是计算机语言。

（A）机器语言　　　（B）汇编语言　　　　（C）自然语言　　　　（D）高级语言

25. 微机的发展是以（　　）的发展为核心的。

（A）内存　　　　　（B）微处理器（CPU）　（C）硬盘　　　　　　（D）芯片

26. 通常人们所说的一个完整的计算机系统应包括（　　）。

（A）主机、键盘、显示器　　　　　　　（B）计算机和它的外围设备

（C）系统软件和应用软件 　　　（D）计算机的硬件系统和软件系统

27. 在计算机术语中经常用 RAM 表示（　　　）。
（A）只读存储器 　　　　　　　（B）可编程只读存储器
（C）动态随机存储器 　　　　　（D）随机存取存储器

28. （　　　）是计算机的神经中枢。
（A）运算器 　　　（B）控制器 　　　（C）存储器 　　　（D）I/O 设备

29. ASCII 是（　　　）位二进制码。
（A）4 　　　　（B）7 　　　　（C）16 　　　　（D）32

30. CPU 是由控制器和（　　　）一起组成的。
（A）运算器 　　　（B）存储器 　　　（C）计数器 　　　（D）计算器

31. 配置高速缓冲存储器（Cache）是为了解决（　　　）。
（A）CPU 与内存之间速度不匹配的问题 　　（B）CPU 与外存之间速度不匹配的问题
（C）主机与外设之间速度不匹配的问题 　　（D）内存与外存之间速度不匹配的问题

32. 如果把 1.44MB 的 3.5 英寸软盘的写保护孔露出小孔，此时（　　　）。
（A）既能读盘又能写盘 　　　　（B）只能读盘不能写盘
（C）只能写盘不能读盘 　　　　（D）既不能读盘又不能写盘

33. 完整的计算机硬件系统一般包括外部设备和（　　　）。
（A）运算器和控制器 　　（B）存储器 　　（C）主机 　　（D）中央处理器

34. 微型计算机的主存储器是由（　　　）组成的。
（A）ROM 　　（B）RAM 和 CPU 　（C）RAM 和软盘磁盘 　（D）ROM 和 RAM

35. 微型计算机中内存比外存（　　　）。
（A）存储的容量大 　　　　　　（B）读写的速度快
（C）运算的速度慢 　　　　　　（D）以上 3 种都可以

36. 系统软件不包括（　　　）。
（A）操作系统 　　　　　　　　（B）多媒体制作工具
（C）网络管理软件 　　　　　　（D）数据库管理系统

37. 下列各组设备中，全部属于输入设备的一组是（　　　）。
（A）键盘、磁盘和打印机 　　　（B）键盘、鼠标和显示器
（C）硬盘、打印机和键盘 　　　（D）键盘、扫描仪和鼠标

38. 下列选项中，不属于辅助存储器的是（　　　）。
（A）硬盘 　　　（B）软盘 　　　（C）闪存 　　　（D）内存

39. 下面列出的 4 个选项中，不属于计算机病毒特性的是（　　　）。
（A）破坏性 　　　（B）免疫性 　　　（C）潜伏性 　　　（D）寄生性

40. 以下不属于数据库管理系统的是（　　　）。
（A）Access 　　　（B）FoxPro 　　　（C）Photoshop 　　　（D）SQL Server

41. 计算机的存储系统一般指（　　　）。
（A）内存和外存 　　　　　　　（B）ROM 和 RAM
（C）软盘和硬盘 　　　　　　　（D）磁盘

42. 计算机的主要特点是（　　　）。
（A）运算速度快 　　（B）精确度高 　　（C）存储容量大 　　（D）以上都对

43. 软件和硬件之间的关系是（　　　）。
    （A）没有软件就没有硬件　　　　　　（B）没有软件，硬件也能发挥作用
    （C）硬件只能通过软件起作用　　　　　（D）没有硬件，软件也能起作用

44. 用高级语言编写的程序经编译后产生的程序叫（　　　）。
    （A）源程序　　　　（B）目标程序　　　　（C）连接程序　　　　（D）编译程序

45. 至今为止，在人类发展的历史中，曾经历过（　　　）次信息技术革命。
    （A）三　　　　　　（B）四　　　　　　　（C）五　　　　　　　（D）六

46. 以微处理器为核心组成的微型计算机属于（　　　）计算机。
    （A）第一代　　　　（B）第二代　　　　　（C）第三代　　　　　（D）第四代

47. （　　　）连同有关文档的集合称为软件。
    （A）程序　　　　　（B）数据　　　　　　（C）程序和数据　　　（D）操作系统

48. 微型计算机在工作中尚未进行存盘操作，突然断电，则计算机（　　　）全部丢失，再次通电后也不能完全恢复。
    （A）已输入的数据和程序　　　　　　　（B）RAM 中的信息
    （C）ROM 和 RAM 中的信息　　　　　　（D）硬盘中的信息

49. 计算机存储器的容量是以 KB 为单位的，通常是 16KB、32KB 等，这里 1KB 表示（　　　）。
    （A）1000 个二进制信息位　　　　　　（B）1024 个二进制信息位
    （C）1000 个字节　　　　　　　　　　（D）1024 个字节

50. 在计算机技术指标中，MIPS 用来描述计算机的（　　　）。
    （A）时钟主频　　　（B）运算速度　　　　（C）存储容量　　　　（D）字长

51. 下列存储器中，只有（　　　）能够直接与 CPU 交换数据。
    （A）CD 存储器　　（B）内存储器　　　　（C）辅助存储器　　　（D）外存储器

52. 下列 4 种存储器中，存取速度最快的是（　　　）。
    （A）磁带　　　　　（B）软盘　　　　　　（C）硬盘　　　　　　（D）内存储器

53. （　　　）不是数据库系统的组成部分。
    （A）数据库管理系统　　　　　　　　　（B）运行环境
    （C）用户　　　　　　　　　　　　　　（D）行政管理机构的数据管理规范文件

54. 信息技术包括（　　　）。
    （A）感测技术、通信技术、计算机技术和网络技术
    （B）感测技术、通信技术、计算机技术和控制技术
    （C）多媒体技术、通信技术、计算机技术和控制技术
    （D）感测技术、通信技术、网络技术和控制技术

55. 一般情况下，以下所指的（　　　）不属于信息。
    （A）情报　　　　　（B）消息　　　　　　（C）指令　　　　　　（D）计算机

56. 运算器的主要功能是（　　　）。
    （A）进行算术、逻辑运算　　　　　　　（B）存储数据
    （C）执行指令　　　　　　　　　　　　（D）传送数据

57. 用高级程序设计语言编写的程序称为（　　　）。
    （A）源程序　　　　（B）可执行程序　　　（C）目标程序　　　　（D）伪代码程序

58. 在微型计算机的主要性能指标中，字长是（　　　）。

（A）计算机运算一次能够处理的二进制位数　　（B）8位二进制位数长度

（C）计算机总线长度　　　　　　　　　　　　（D）存储系统的宽度

59. 针对不同应用程序分别建立对应的数据文件的数据管理技术属于（　　　）。

（A）手工管理阶段　　　　　　　　　　　（B）文件管理阶段

（C）数据库系统管理阶段　　　　　　　　（D）集成管理阶段

60. 指令是让计算机完成某个操作所发出的（　　　）。

（A）动作　　　　　　（B）行为　　　　　　（C）过程　　　　　　（D）命令

61. 用来协调和指挥整个计算机系统操作的部件是（　　　）。

（A）运算器　　　　　（B）控制器　　　　　（C）内存储器　　　　（D）外存储器

62. 计算机主机由运算器、控制器和（　　　）组成。

（A）存储器　　　　　（B）CPU　　　　　　（C）磁盘　　　　　　（D）累加器

63. 计算机病毒是（　　　）。

（A）一条命令　　　　　　　　　　　　　（B）一段特殊的程序

（C）一种生物病毒　　　　　　　　　　　（D）一种芯片

64. （　　　）个二进制位称为一个字节。

（A）2　　　　　　　　（B）10　　　　　　　（C）16　　　　　　　（D）8

65. 1024B × 1024B × 1024B 是（　　　）。

（A）1KB　　　　　　　（B）1MB　　　　　　（C）1GB　　　　　　（D）1TB

66. 采用二进制数表示的特点是（　　　）。

（A）可靠性好　　　　　（B）运算简单　　　　（C）通用性强　　　　（D）以上3种都对

67. 大写字母"A"的ASCII为十进制65，ASCII为十进制68的字母是（　　　）。

（A）B　　　　　　　　（B）C　　　　　　　　（C）D　　　　　　　　（D）E

68. 计算机内存的基本单位是（　　　）。

（A）字符　　　　　　　（B）字节　　　　　　（C）字数　　　　　　（D）扇区

69. 计算机中能存储数据的最小信息单位是一个二进制位，称为（　　　）。

（A）bit　　　　　　　（B）Byte　　　　　　（C）KB　　　　　　　（D）MB

70. 下列字符中，ASCII码值最小的是（　　　）。

（A）D　　　　　　　　（B）a　　　　　　　　（C）F　　　　　　　　（D）e

71. 图形图像的获取方法有（　　　）。

（A）屏幕硬拷贝　　　（B）扫描仪扫描　　（C）数码相机　　　（D）以上都对

72. 计算机硬件能直接识别和执行的只有（　　　）。

（A）高级语言　　　　（B）符号语言　　　　（C）汇编语言　　　　（D）机器语言

73. 下列选项中，（　　　）不是静态图像文件格式的扩展名。

（A）.jpg　　　　　　　（B）.bmp　　　　　　（C）.avi　　　　　　（D）.gif

74. 下列软件中的动画制作软件是（　　　）。

（A）Authorware　　　（B）Flash　　　　　（C）Photoshop　　　（D）以上都不对

75. 下列文件格式中，（　　　）是声音文件格式的扩展名。

（A）.mp3　　　　　　　（B）.jpg　　　　　　（C）.bmp　　　　　　（D）.dat

76. 下列文件格式中，（　　　）是视频影像文件格式的扩展名。

（A）.wav　　　　　　　（B）.avi　　　　　　（C）.midi　　　　　　（D）.psd

77. 下列文件格式中，（　　　）是图像文件格式的扩展名。
　　（A）.txt　　　　　　　　（B）.wps　　　（C）.bmp　　　　（D）.doc

78. 下面关于位图特征的描述，正确的是（　　　）。
　　（A）用计算机指令表达　　　　　　　　（B）随意缩放且不改变图像清晰度
　　（C）有许多像素组成　　　　　　　　　（D）以上都对

79. 在多媒体技术中，最为重要的是（　　　）。
　　（A）录入与存储技术　　（B）传输技术　　（C）压缩与解压技术　　（D）播放技术

80. 下列不能防止计算机病毒的措施是（　　　）。
　　（A）不用来历不明的软盘　　　　　　　（B）为了拷贝文件，不将软盘写保护
　　（C）安装防止病毒卡　　　　　　　　　（D）使用杀毒软件

81. 下列选项中，不属于计算机病毒的特征的是（　　　）。
　　（A）破坏性　　　　　　　（B）传染性　　　（C）通用性　　　　　（D）隐蔽性

82. 下列选项中，不属于计算机犯罪范围的是（　　　）。
　　（A）经允许使用别人的计算机打印文档　　（B）篡改或窃取信息或文件
　　（C）破坏计算机资　　　　　　　　　　　（D）未经批准使用计算机信息资源

83. 下列叙述中，（　　　）是不正确的。
　　（A）"黑客"是指黑色病毒　　　　　　　（B）计算机病毒是程序
　　（C）CIH 是一种病毒　　　　　　　　　（D）防火墙是一种被动式防卫软件技术

84. 以下有关防治计算机病毒的措施中，有效可行的是（　　　）。
　　（A）不让带病毒的人接近计算机　　　　（B）在网络环境中使用系统
　　（C）使用软盘启动计算机　　　　　　　（D）经常用病毒检测软件进行检查

85. 指出下列有关计算机病毒的正确论述（　　　）。
　　（A）计算机病毒是人为编制出来的、可在计算机运行的小程序
　　（B）计算机病毒一般寄生于文本文件中
　　（C）计算机病毒只要人们不去执行它，就无法发挥其破坏作用
　　（D）计算机病毒具有潜伏性，仅在时间满足特定条件下才发作

86. 微型机中的 CPU 是指（　　　）。
　　（A）寄存器　　　　　　　　　　　　　（B）指令部件和寄存器
　　（C）分析、控制和执行指令的部件　　　（D）指令部件和存储器

87. 下列关于计算机病毒传播渠道的描述中，（　　　）是不对的。
　　（A）有病毒的网络系统会使该网上使用的程序染上病毒
　　（B）已带有病毒的计算机会使该机上使用的软盘染上病毒
　　（C）购买的软件本身带有病毒，会使用此软件的机器带上病毒
　　（D）机器长时间不开机使用会产生病毒

88. 计算机软件系统通常分为（　　　）。
　　（A）系统软件和应用软件　　　　　　　（B）高级软件和一般软件
　　（C）军用软件和民用软件　　　　　　　（D）管理软件和数据处理软件

89. 以下（　　　）现象可能是病毒所致。
　　（A）程序装入时间比平常长　　　　　　（B）显示器上经常出现一些莫名其妙的信息
　　（C）程序和数据神秘丢失　　　　　　　（D）以上现象都可能是病毒所致

90. 下列（　　）不属于计算机病毒产生的原因。
    （A）开玩笑，恶作剧　　　　　　　　　（B）编写了一个错误的程序
    （C）个别人的报复心理　　　　　　　　（D）用于版权保护

91. 下列方法中不正确的清除病毒的方法是（　　）。
    （A）用干净盘启动后再用现有清毒软件杀毒，关机后再由硬盘引导系统
    （B）用干净的启动盘启动机器，并将重要程序备份到该盘上，然后格式化硬盘，关机后再由该软盘引导系统，检查硬盘
    （C）用干净盘启动系统，直接低级格式化，用备份的系统盘恢复硬盘内容
    （D）尽可能查出感染源，避免被再次感染

92. 下列不属于常见的计算机病毒类型的是（　　）。
    （A）宏病毒　　　　　　　　　　　　　（B）程序病毒
    （C）蠕虫病毒　　　　　　　　　　　　（D）特洛伊木马病毒

93. 下面不属于计算机病毒的防范措施的是（　　）。
    （A）计算机启动时尽量不用软盘启动　　（B）不使用来历不明的磁盘
    （C）不做非法复制　　　　　　　　　　（D）均是计算机病毒的防范措施

94. 下面（　　）不是一台办公用的计算机所必需的硬件。
    （A）显示器　　　（B）声卡　　　　　（C）键盘　　　　　（D）机箱

95. 下面不属于反病毒软件的是（　　）。
    （A）KV300　　　（B）AV95　　　　（C）瑞星杀毒软件　　（D）CIH

96. （　　）不属于多媒体技术的应用领域。
    （A）交互式有线电视　　　　　　　　　（B）视频会议
    （C）多媒体演示系统　　　　　　　　　（D）数据处理

97. （　　）属于多媒体输入设备。
    （A）打印机　　　（B）图形压缩卡　　（C）话筒　　　　　（D）喇叭

98. 多媒体的主要特征有（　　）。
    （A）信息载体的多样性　　　　　　　　（B）集成性
    （C）交互性　　　　　　　　　　　　　（D）以上都是

99. 目前比较广泛使用的图像处理软件是（　　）。
    （A）WPS　　　　（B）Adobe Photoshop　（C）GoldWave　　　（D）CoreDRAW

100. 目前媒体元素主要包括有（　　）。
    （A）文本、动画　（B）图形、图像　　（C）视频、音频　　　（D）以上都有

101. 有关二进制的论述，下面（　　）是错误的。
    （A）二进制数只有 0 和 1 两个数　　　（B）二进制运算逢二进一
    （C）二进制用 0 和 1 来记数　　　　　（D）二进制只由二位数组成

102. 为了防范黑客的侵害，可以采取（　　）手段对付黑客攻击。
    （A）使用防火墙技术　　　　　　　　　（B）使用安全扫描工具发现黑客
    （C）时常备份系统　　　　　　　　　　（D）以上 3 种都对

103. 计算机病毒的主要特征有（　　）。
    （A）潜伏性　　　（B）传染性　　　　（C）破坏性　　　　（D）以上都是

第二节　操 作 系 统

1. 以下操作系统中，不是网络操作系统的是（　　）。
   （A）MS-DOS
   （B）Windows 2000 Server
   （C）Windows NT
   （D）Netware

2. 在 Windows 中，执行删除某程序的快捷方式图标命令，表示（　　）。
   （A）该程序被破坏，不能正常运行
   （B）既删除了图标，又删除了有关的程序
   （C）只删除了图标，没删除相关的程序
   （D）以上说法都不对

3. 在 Windows 操作系统环境中可以同时打开多个应用程序窗口，但某一时刻的活动窗口（　　）。
   （A）可以有多个
   （B）只能有一个
   （C）有 2 个
   （D）有 4 个

4. 在 Windows 操作系统中，下面（　　）文件名是不正确的。
   （A）第 4 章 Windows XP 操作系统练习题.doc
   （B）mybook
   （C）Book*.xls
   （D）mybook.txt

5. 在 Windows 操作系统中，若鼠标指针变成"I"形状，则表示（　　）。
   （A）当前系统正在访问磁盘
   （B）可以改变窗口的大小
   （C）可以改变窗口的位置
   （D）鼠标光标所在的位置可以从键盘输入文本

6. 在 Windows 的默认环境中，下列（　　）组合键能对选定对象执行复制操作。
   （A）Ctrl+C
   （B）Ctrl+V
   （C）Ctrl+X
   （D）Ctrl+A

7. 在 Windows 环境中，应用程序之间交换信息可以通过（　　）进行。
   （A）"我的电脑"图标
   （B）任务栏
   （C）剪贴板
   （D）系统工具

8. 在 Windows 界面中，当一个窗口最小化后，其图标位于（　　）。
   （A）标题栏
   （B）工具栏
   （C）任务栏
   （D）菜单栏

9. 在 Windows 系统中，（　　）的说法是不正确的。
   （A）只能有一个活动窗口
   （B）可同时打开多个窗口
   （C）可同时显示多个窗口
   （D）只能打开一个窗口

10. 在 Windows 系统中，关于"回收站"的说法正确的是（　　）。
    （A）不论是从硬盘还是软盘上删除的文件都可以用"回收站"来恢复
    （B）不论是从硬盘还是软盘上删除的文件都不能用"回收站"来恢复
    （C）用 Delete 键从硬盘上删除的文件可以从"回收站"中恢复
    （D）用 Shift+Delete 键从硬盘上删除的文件可以从"回收站"中恢复

11. （　　）主要用于检查磁盘中文件及文件夹的数据错误以及磁盘的物理介质错误。
    （A）磁盘碎片整理程序
    （B）压缩工具
    （C）磁盘扫描程序
    （D）备份工具

12. （　　）可能是图形化的单用户、多任务操作系统。
    （A）Windows
    （B）Netware
    （C）DOS
    （D）UNIX

13. 计算机操作系统的主要作用是（　　）。
    （A）实现计算机与用户之间的信息交换
    （B）实现计算机硬件与软件之间信息的交换
    （C）控制和管理计算机软件、硬件资源
    （D）实现计算机程序代码的转换

14. 计算机软件中经常有"打开文件"的操作，这种操作的实际结果是（　　）。

  （A）使文件名呈反亮显示　　　　　　　（B）解除对文件的读写限制

  （C）将文件从外存调入内存　　　　　　　（D）将文件从外存移动到内存

15. 实现对多个不连续对象的选定操作，需要将（　　）和鼠标组合起来使用。

  （A）Alt 键　　　　　　（B）Ctrl 键　　　　　（C）Shift 键　　　　（D）Ctrl+Alt 组合键

16. 使用（　　），可以使每个文件存放在相邻位置，大大节省磁盘访问时间。

  （A）磁盘碎片整理程序　　（B）磁盘扫描程序　　（C）压缩工具　　　　　（D）备份工具

17. 使用 Windows XP 的菜单命令时，变灰的命令表示（　　）。

  （A）将弹出对话框　　　　　　　　　　　（B）该命令此时不能使用

  （C）该命令正在使用　　　　　　　　　　（D）将切换到另一个窗口

18. 使用 Windows 系统时，在显示屏幕上的多个窗口的排列方式为（　　）。

  （A）由系统自动决定，用户不能调整　　　（B）只能平铺排列

  （C）既可以平铺排列，又可以层迭排列　　　（D）只能层迭排列

19. 在 Windows 操作系统中，"剪贴板"是（　　）中的一个临时存储区，用来临时存放文字、图形或文件等。

  （A）应用程序　　　（B）显示存储器　　　（C）内存　　　　　　　（D）硬盘

20. 为了保证任务栏任何时候都在屏幕上可见，应在"任务栏属性"对话框中选择（　　）。

  （A）不被覆盖　　　　　（B）总在前面　　　（C）自动隐藏　　　　（D）显示时钟

21. 下列操作不是鼠标基本操作的是（　　）。

  （A）双击　　　　　　　（B）指向　　　　　（C）移动　　　　　　（D）删除

22. 下列关于 Windows 窗口的叙述，错误的是（　　）。

  （A）窗口是应用程序运行后的工作区　　　（B）同时打开的多个窗口可以重叠排列

  （C）窗口的位置和大小都能改变　　　　　（D）窗口的位置可以移动，但大小不能改变

23. 要查找一个特定的文件夹或文件时，可以使用（　　）命令。

  （A）查找　　　　　　　（B）设置　　　　　（C）文档　　　　　　（D）新建

24. 要更改屏幕的颜色和分辨率设置，可以打开"控制面板"，双击其中的（　　）图标。

  （A）系统　　　　　　　（B）多媒体　　　　（C）显示　　　　　　（D）区域设置

25. 要想在任务栏上激活一个窗口，不正确的操作是（　　）。

  （A）双击该窗口对应的任务按钮

  （B）在任务栏空白处单击鼠标右键，从快捷菜单中选择"还原"命令

  （C）单击该窗口对应的任务按钮

  （D）选择任务按钮，单击鼠标右键，从快捷菜单中选择"最大化"命令

26. 要移动文件或文件夹，可选定要移动的文件或文件夹，然后单击工具栏上的（　　）按钮，再进行下一步操作。

  （A）删除　　　　（B）剪切　　　　　（C）复制　　　　　　　（D）粘贴

27. 以下关于 Windows 快捷方式的说法，正确的是（　　）。

  （A）一个快捷方式可指向多个目标对象　　（B）一个对象可有多个快捷方式

  （C）只有文件和文件夹对象可建立快捷方式　（D）不允许为快捷方式建立快捷方式

28. 以下说法不正确的是（　　）。

（A）使用"我的电脑"可以用来浏览本机的文件资源

（B）使用"资源管理器"可以用来浏览本机的文件资源

（C）打开"我的电脑"在当前的窗口可以新建文件夹

（D）"资源管理器"的左窗格显示树状文件结构

29. 在资源管理器中，若想把文件和文件夹换名，应选择"文件"菜单中的（　　）命令。

（A）剪切　　　　　（B）重命名　　　　　（C）复制　　　　　（D）新建

30. 在 Windows 操作系统中，"回收站"是（　　）中的一块区域。

（A）ROM　　　　　（B）RAM　　　　　（C）软盘　　　　　（D）硬盘

31. 在 Windows 系统中，负责管理文件的程序是（　　）。

（A）控制面板　　　　　　　　　　（B）"资源管理器"或"我的电脑"

（C）Word　　　　　　　　　　　　（D）Excel

32. Windows 环境下的操作特点是（　　）。

（A）只能用鼠标进行操作　　　　　（B）打开对象必须用双击鼠标的方法

（C）按 Ctrl+Shift 组合键可在不同窗口间切换　（D）先选中操作对象，后选择命令

33. Windows 中的"剪贴板"是（　　）。

（A）内存中的一个区域　　　　　　（B）软盘中的一个区域

（C）高速缓存中的一个区域　　　　（D）硬盘中的一个区域

34. 在 Windows 操作系统中，文件名和扩展名中允许使用的通配符有（　　）。

（A）&或%　　　　（B）#或@　　　　（C）!或+　　　　（D）*或?

35. 下面关于回收站的说法不正确的是（　　）。

（A）被删除的文件被自动送往回收站

（B）不小心删除的文件可从回收站恢复

（C）放到回收站的文件和文件夹不占用磁盘空间

（D）清空回收站可释放磁盘空间

36. 当一个在前台运行的应用程序窗口被最小化后，该应用程序将（　　）。

（A）被转入后台执行　　　　　　　（B）继续在前台运行

（C）被暂停运行　　　　　　　　　（D）被终止运行

37. 对话框不能进行（　　）操作。

（A）移动　　　　（B）改变大小　　　　（C）关闭　　　　（D）打开

38. 对一个文件来说，必须有（　　）。

（A）主文件名　　　（B）文件扩展名　　　（C）文件连接符　　　（D）文件分隔符

39. 关于快捷方式，以下叙述不正确的是（　　）。

（A）快捷方式是指向一个程序或文档的指针　（B）快捷方式是对象本身

（C）快捷方式包含了指向对象的信息　　　　（D）快捷方式可以删除、复制和移动

40. 关于快捷方式的描述，下列描述中不正确的是（　　）。

（A）可以为任何一个对象建立快捷方式

（B）可将快捷方式放置于 Windows 2000 中的任意位置

（C）只能给文件或文件夹建立快捷方式

（D）删除快捷方式不能删除相关的对象

41. 在桌面上要移动任何 Windows 窗口，可用鼠标拖曳该窗口的（   ）。
   （A）标题栏   （B）边框   （C）滚动条   （D）控制菜单项

42. 在资源管理器中，如果要取消已选定文件中的几个文件，应进行的操作是（   ）。
   （A）用鼠标左键依次单击各个要取消选定的文件
   （B）用鼠标右键依次单击各个要取消选定的文件
   （C）按住 Shift 键，再用鼠标左键依次单击各个要取消选定的文件
   （D）按住 Ctrl 键，再用鼠标左键依次单击各个要取消选定的文件

43. 在资源管理器中的不同驱动器之间移动文件，应使用的操作是（   ）。
   （A）用鼠标直接拖曳文件到目的驱动器   （B）按住 Ctrl 键拖曳
   （C）按住 Shift 键拖曳   （D）以上都不对

44. 直接删除文件或文件夹而不放进回收站的操作是（   ）。
   （A）按 Delete（Del）键
   （B）按 Shift+Delete（Del）组合键
   （C）用鼠标把文件或文件夹拖放到回收站中
   （D）用鼠标右键单击，弹出快捷菜单，选择"删除"命令

45. 在 Windows 系统中，设置计算机硬件配置的程序是（   ）。
   （A）控制面板   （B）资源管理器   （C）Word   （D）Excel

46. Windows 操作的特点是（   ）。
   （A）将操作项拖到对象处   （B）先选择操作项，后选择对象
   （C）同时选择操作项及对象   （D）先选择对象，后选择操作项

47. 在 Windows 操作过程中，按（   ）键可以获得帮助。
   （A）Esc   （B）F1   （C）Alt   （D）Shift

48. 比较单选按钮和复选框的功能（   ）。
   （A）一样   （B）前者在一组选项中只能选择一个
   （C）后者在一组选项中只能选择一个   （D）前者在一组选项中能选择任意项

49. 窗口的右部或底部有时会出现（   ），利用它可以方便地将窗口中的内容进行上下左右滚动。
   （A）窗口边框   （B）窗口角   （C）滚动条   （D）状态栏

50. 从文件列表中同时选择多个相邻文件的正确操作是（   ）。
   （A）按住 Alt 键，用鼠标单击每一个文件名
   （B）按住 Ctrl+Alt 组合键，用鼠标单击每一个文件名
   （C）按住 Shift 键，用鼠标单击每一个文件名
   （D）单击相邻文件区域内第一个文件名，再按住 Shift 键并单击相邻文件区域内最后一个文件名

51. 在 Windows 中，关于设置屏幕保护作用，（   ）的说法是不正确的。
   （A）屏幕上出现活动的图案或暗色的背景可以保护监视器
   （B）通过设置口令来保障系统安全
   （C）为了节省计算机内存
   （D）可以减少屏幕的损耗和提高趣味性

52. 在 Windows 系统中，设置屏幕保护最简单的方法是在桌面上单击鼠标右键，从快捷菜单中选择（　　）命令，然后进入对话框选择"屏幕保护程序"选项卡进行设置即可。

（A）属性　　　　　（B）活动桌面　　　　　（C）新建　　　　　（D）刷新

53. 在 Windows 系统中，为保护文件不被修改，可将它的属性设置为（　　）。

（A）只读　　　　　（B）存档　　　　　（C）隐藏　　　　　（D）系统

54. 在 Windows 系统中删除文件，下列说法不正确的是（　　）。

（A）回收站的容量是固定的

（B）回收站的容量是可以调整的

（C）硬盘上的文件可以直接删除而不需要放入回收站

（D）A 盘上的文件可以直接删除而不放入回收站

55. 在 Windows 系统中桌面指的是（　　）。

（A）窗口、图标和对话框所在的屏幕背景　　　（B）电脑台

（C）活动窗口　　　　　　　　　　　　　　（D）"我的电脑"窗口

56. 在 Windows 系统的桌面中，同时打开多个窗口，执行层叠排列后，表现特点是（　　）。

（A）每个窗口内容全部可见　　　　　（B）每个窗口标题栏全部可见

（C）每个窗口部分标题栏可见　　　　　（D）部分窗口标题栏不可见

57. 在 Windows 资源管理器中，如果目录树的某个文件夹图标（　　），表示其中没有任何下级文件夹。

（A）内有+号　　　　　（B）内有 – 号　　　　　（C）空白　　　　　（D）内有√号

58. 在对文件或文件夹进行移动操作时，可以用（　　）组合键先完成"剪切"操作。

（A）Ctrl+X　　　　　（B）Ctrl+Z　　　　　（C）Ctrl+C　　　　　（D）Ctrl+V

59. 在回收站里对选定的文件对象执行删除操作，那么该选定文件（　　）。

（A）可以被恢复　　　　　　　　　（B）不能被恢复

（C）仍然存在于计算机系统中　　　　　（D）可以找回

60. 在控制面版中，不可以进行的操作是（　　）。

（A）添加/删除程序　　　　　　　　（B）查找一个文件或文件夹

（C）创建用户和密码　　　　　　　　（D）设置键盘属性

61. 关于"回收站"的叙述，正确的是（　　）。

（A）暂存硬盘上被删除的对象

（B）回收站的内容不可以恢复

（C）回收站的内容可以恢复，但只能恢复一部分内容

（D）回收站的内容不占用硬盘空间

62. 含有（　　）属性的文件不能修改。

（A）系统　　　　　（B）存档　　　　　（C）隐藏　　　　　（D）只读

63. 每次启动一个程序或打开一个窗口后，在（　　）上就会出现一个代表该窗口的图标。

（A）桌面　　　　　（B）任务栏　　　　　（C）我的公文包　　　　　（D）收件箱

64. 若屏幕上同时显示多个窗口，可以根据窗口中（　　）的特殊颜色来判定它是否为当前窗口。

（A）菜单　　　　　（B）符号　　　　　（C）状态　　　　　（D）标题栏

第三节 Word 2003 文字处理

1. Word 2003 提供的主要 4 种视图方式为（ ）。
   （A）标题、副标题、正文和默认段落字体　　（B）预览、页面、普通和隐藏
   （C）普通、Web、大纲和页面　　　　　　　　（D）全屏、浏览、分栏和分页

2. Word 2003 文档的"打印预览"一次可预览的页数是（ ）。
   （A）只能是 1 页　（B）单页或多页　　（C）不能预览多页　（D）至少是 2 页

3. Word 2003 中的（ ）主要用于更正文档中出现频率较多的字和词。
   （A）查找　　　　　（B）复制和粘贴　　　（C）查找和替换　　（D）删除文本

4. 在 Word 2003 中，利用（ ）可以快速建立具有相同结构的文件。
   （A）模板　　　　　（B）样式　　　　　　（C）格式　　　　　　（D）视图

5. 当工具栏上的"剪切"和"复制"按钮颜色黯淡，不能使用时，表示（ ）。
   （A）此时只能从"编辑"菜单中调用"剪切"和"复制"命令
   （B）在文档中没有选定任何内容
   （C）剪贴板已经有了要剪切或复制的内容
   （D）选定的内容太长，剪贴板放不下

6. （ ）视图方式可显示出分页符，但不能显示出页眉和页脚。
   （A）全屏显示　　　（B）大纲　　　　　　（C）普通　　　　　　（D）页面

7. 对 Word 2003 文档进行页面操作是选择（ ）菜单命令。
   （A）"文件/打开"　　　　　　　　　　　　（B）"文件/页面设置"
   （C）"格式/字体"　　　　　　　　　　　　（D）"格式/段落"

8. 在 Word 2003 中，格式刷的功能是（ ）。
   （A）删除文本或图片　　　　　　　　　　　（B）恢复上一次的操作
   （C）复制文本格式　　　　　　　　　　　　（D）给文本字符刷颜色

9. Word 2003 文档在第一次存盘时不必键入扩展名，Word 自动以（ ）作为扩展名。
   （A）.WRI　　　　　（B）.XLS　　　　　　（C）.XSL　　　　　　（D）.DOC

10. Word 2003 默认的文件扩展名是（ ）。
    （A）.EXE　　　　　（B）.BAT　　　　　　（C）.DOC　　　　　　（D）.XLS

11. 可以在（ ）视图下查看到 Word 文档的页眉/页脚格式。
    （A）普通　　　　　（B）联机版式　　　　（C）大纲　　　　　　（D）页面

12. Word 2003 具有的功能有（ ）。
    （A）表格处理　　　（B）绘制图形　　　　（C）文本处理　　　（D）以上三项都是

13. Word 2003 可以同时打开多个文档窗口，但是文档窗口打开得越多，占用内存会（ ）。
    （A）越少，因而速度会更慢　　　　　　　　（B）越多，因而速度会更慢
    （C）越多，因而速度会更快　　　　　　　　（D）越少

14. 下列关于 Word 2003 文档窗口的说法中，正确的是（ ）。
    （A）只能打开一个文档窗口
    （B）可以同时打开多个文档窗口，被打开的窗口都是活动窗口

（C）可以同时打开多个文档窗口，但其中只有一个是活动窗口

（D）可以同时打开多个文档窗口，但在屏幕上只能见到一个文档窗口

15. 下列关于 Word 文档分页的叙述，错误的是（　　）。

（A）Word 文档可以自动分页，也可人工分页

（B）分页符标志前一页的结束，一个新页的开始

（C）分页符也能打印出来

（D）将插入点置于硬分页符上，按 Del 键便可将其删除

16. 在 Word 2003 操作中，快速选择一行的方法有（　　）。

（A）单击该行左边界　　　　　　　　　（B）双击该行左边界

（C）三击该行左边界　　　　　　　　　（D）单击该行的内容

17. Word 2003 的输入操作有（　　）两种状态。

（A）就绪和输入　　（B）插入和删除　　（C）插入和改写　　（D）改写和复制

18. 要取消设置的分栏，应（　　）。

（A）将分栏的部分选定，选择"格式/分栏"菜单命令，调出"分栏"对话框，选择"一栏"后单击"确定"按钮

（B）将分栏的部分选定，选择"格式/分栏"菜单命令，调出"分栏"对话框，单击"取消"按钮

（C）将分栏的部分选定，单击常用工具栏上的"撤销"按钮

（D）将分栏的部分选定，按 Del 键

19. 要退出 Word 字处理软件，以下做法不正确的是（　　）。

（A）选择"文件/退出"菜单命令　　　　（B）选择"文件/关闭"菜单命令

（C）选择控制菜单中的"关闭"菜单命令　（D）单击窗口右上角的"关闭"按钮

20. 以下说法中错误的是（　　）。

（A）文档输入满一行时应按 Enter 键开始下一行

（B）文档输入满一行时按 Enter 键将开始一个新的段落

（C）文档输入未满一行时按 Enter 键将开始一个新的段落

（D）输入文档时，如果不想分段，就不要按 Enter 键

21. 欲将 Word 2003 文档转存为"记事本"能处理的文本文件，应选用文件类型转存（　　）。

（A）纯文本　　（B）Word 文档　　（C）WPS 文本　　（D）RTF 格式

22. 在 Word 2003 编辑状态下，按回车键产生一个（　　）。

（A）换行符　　（B）句号　　　　（C）分页符　　（D）分栏符

23. 在 Word 2003 表格中，将两个单元格合并，则原有两个单元格的内容（　　）。

（A）会完全合并　　（B）不会合并　　（C）部分合并　　（D）有条件地合并

24. 在 Word 2003 窗口"文件"菜单底部所显示的文件名是（　　）。

（A）正在使用的文件名　　　　　　　　（B）正在打印的文件名

（C）已被删除的文件名　　　　　　　　（D）最近被 Word 处理的文件

25. （　　）是运行在 Windows 环境下的文字处理软件。

（A）Word　　（B）Excel　　　　（C）Outlook　　（D）Access

26. 在 Word 2003 的编辑状态，按先后顺序依次打开了 d1.doc、d2.doc、d3.doc 和 d4.doc 4 个文档，当前的活动窗口是（　　）。

（A）d1.doc 的窗口　（B）d2.doc 的窗口　　（C）d3.doc 的窗口　　　（D）d4.doc 的窗口

27. 在 Word 2003 的编辑状态，打开文档 ABC，修改后另存为 ABD，则（　　　）。

（A）ABC 是当前文档　　　　　　　　（B）ABD 是当前文档

（C）ABC 和 ABD 均是当前文档　　　　（D）ABC 和 ABD 均不是当前文档

28. 在 Word 2003 的编辑状态下，当前编辑的文档是 C 盘中 a.doc 文档，要将该文档拷贝至软盘，应该选择（　　　）。

（A）"文件/新建"菜单命令　　　　　　（B）"文件/保存"菜单命令

（C）"文件/另存为"菜单命令　　　　　（D）"插入"菜单中的一个命令

29. 在 Word 2003 的编辑状态下，要想为当前文档中的文字设定字符间距，应当使用（　　　）。

（A）"插入"菜单中的命令　　　　　　（B）"编辑"菜单中的命令

（C）"工具"菜单中的命令　　　　　　（D）"格式"菜单中的"字体"命令

30. （　　　）是一组已命名的字符和段落格式的组合。

（A）模板　　　　　（B）样式　　　　　　（C）页面设置　　　　（D）项目符号

31. 在 Word 2003 文档编辑中，对所插入的图片，不能进行的操作是（　　　）。

（A）放大或缩小　　　　　　　　　　（B）修改其中的图形

（C）从矩形边缘裁减　　　　　　　　（D）移动其在文档中的位置

32. 在 Word 2003 文档窗口中，若选定的文本块中有多种字体和多种字号，则工具栏中的字号框显示（　　　）。

（A）空白　　　　　　　　　　　　　（B）文本块中最大字号

（C）首字的字号　　　　　　　　　　（D）文本块中最小字号

33. 在 Word 2003 文档窗口中用鼠标选定"词"操作方法是：首先将鼠标移动到所选单词处，然后（　　　）。

（A）按住 Ctrl 键，再单击鼠标左键　　（B）双击鼠标左键

（C）三击鼠标左键　　　　　　　　　（D）同时按下鼠标左、右键

34. 在 Word 2003 文档中输入数学公式是通过（　　　）菜单命令来实现。

（A）"插入/对象/Microsoft 公式 3.0"　（B）"插入/对象/MicrosoftWord 文档"

（C）"插入/对象/MicrosoftWord 图片"　（D）"插入/图片"

35. 在 Word 2003 中输入一些键盘上没有的特殊字符，方法是（　　　）。

（A）无法实现　　　　　　　　　　　（B）选择"插入/符号"菜单命令

（C）用绘图工具绘制特殊符号　　　　（D）选择"编辑/符号"菜单命令

36. 在 Word 2003 中同时打开多个文档时，（　　　）。

（A）可同时编辑多个文档　　　　　　（B）多个文档之间不能切换编辑

（C）只有活动的文档才可以编辑　　　（D）不是活动的文档也可以编辑

37. 在 Word 2003 中已有页眉，再次进入页眉区只需双击（　　　）。

（A）文本区　　　　（B）菜单区　　　　　（C）工具栏区　　　　（D）页眉页脚区

38. 在 Word 2003 中，使用格式刷操作正确的是（　　　）。

（A）用格式刷划黑要格式化的区域，再用鼠标划黑模板文本

（B）用鼠标划黑模板文本，单击格式刷图标，再用鼠标划黑要格式化的区域即可

（C）用鼠标划黑模板文本，再用鼠标划黑要格式化的区域，单击格式刷图标即可

（D）单击格式刷，然后用鼠标划黑模板文本，再用鼠标划黑要格式化的区域即可

39. 在 Word 2003 中，为了将图形置于文字的上一层，应将图形格式的版式设置为（　　　）。

（A）嵌入型　　　　（B）浮于文字上方　　　（C）上下型　　　　（D）四周型

40. 在 Word 2003 中，如果已存在一个名为 NOVEL.DOC 的文件，要想将它换名为 NEW.DOC，可以选择（　　　）菜单命令。

（A）"另存为"　　　（B）"保存"　　　　　（C）"全部保存"　　　（D）"重命名"

41. 在 Word 2003 中，选择"文件/页面设置"菜单命令，可对输入的文本进行排版，这里所指的排版的含义是（　　　）。

（A）设置页边距，设置纸张的大小和方向，设置版面

（B）设置页边距，设置页码，设置分页方式

（C）设置纸张的大小和方向，设置段落对齐方式，设置字体的大小和颜色

（D）设置版面，设置页码，设置分页方式

42. 在 Word 2003 中，要使文档各段落的第一行全部空出两个汉字位，可以对文档的各段落进行（　　　）。

（A）首行缩进　　　（B）悬挂缩进　　　　（C）左缩进　　　　（D）右缩进

43. 在 Word 2003 中打开现存 Word 文档的方法是（　　　）。

（A）选择"文件"菜单，单击"新建"命令　　（B）选择"文件"菜单，双击"新建"命令

（C）选择"文件"菜单，单击"保存"命令　　（D）选择"文件"菜单，单击"打开"命令

44. 在 Word 2003 中，用鼠标拖曳标尺上的首行缩进标志，可以改变（　　　）的首行缩进量。

（A）插入点所在行　　　　　　　　　（B）插入点所在的节

（C）插入点所在的段落　　　　　　　（D）整个文档

45. 在 Word 2003 中编辑文档，若不小心做了误删除操作，可用（　　　）恢复操作的内容。

（A）"粘贴"按钮　　（B）"撤销"按钮　　　（C）"重复"按钮　　　（D）"复制"按钮

第四节　Excel 2003 电子表格

1. Excel 2003 不具备的功能是（　　　）。

（A）计算　　　　　（B）数据库管理　　　（C）制作图表　　　（D）分栏

2. 在 Excel 2003 窗口中，单击（　　　）中的工作表标签可以完成工作表之间的切换。

（A）编辑栏　　　　（B）格式化工具条　　（C）标题条　　　　（D）工作表标签栏

3. Excel 2003 工作表最多可有（　　　）列。

（A）65535　　　　（B）256　　　　　（C）255　　　　　（D）128

4. Excel 与 Word 的区别有（　　　）。

（A）Word 中可插入图片，Excel 不能

（B）Word 表格可以换行，Excel 不能

（C）Excel 的公式可很方便地进行填充复制，Word 不能

（D）Excel 表格具有排序功能，Word 不具有

5. 若 A1 单元格内容为"吴人"，B1 单元格内容为"88"，要使 C1 单元格中得到"吴人成绩为88"，则在 C1 中应键入（　　　）。

（A）A1&成绩为&B1　　　　　　　（B）A1"&"成绩为"&"B1

（C）A1 + "成绩为" + B1　　　　　　　　　　（D）A1&"成绩为"&B1

6. 已知 B5：B9 输入数据 5、7、2、4、6，函数 MAX（B5:B9）=（　　　）。

　　（A）5　　　　　（B）6　　　　　　　　（C）2　　　　　　　（D）7

7. Excel 2003 中，选择性粘贴不能实现的功能是（　　　）。

　　（A）粘贴的同时实现几项算术运算　　　　（B）对指定矩形区域的内容进行转置粘贴

　　（C）只粘贴数值而不带计算公式　　　　　（D）粘贴的同时实现某项算术运算

8. 定义 Excel 2003 工作表的某个单元格的格式为 000.000，值为 68.1686，则显示的内容为（　　　）。

　　（A）068.168　　　（B）068.169　　　（C）68.169　　　　（D）68.168

9. 对于筛选掉的记录的叙述，下面（　　　）是错误的。

　　（A）不打印　　　（B）不显示　　　　（C）永远丢失了　　　（D）可以恢复

10. 构成工作表的最小单位是（　　　）。

　　（A）行　　　　　（B）列　　　　　　（C）表格　　　　　　（D）单元格

11. 默认情况下，Excel 2003 的一个工作簿中有（　　　）个工作表。

　　（A）1　　　　　（B）2　　　　　　　（C）3　　　　　　　（D）4

12. 某学生成绩表中求有多少学生参加考试，采用的函数应该是（　　　）。

　　（A）SUM 函数　　　　　　　　　　　（B）AVERAGE 函数

　　（C）COUNT 函数　　　　　　　　　　（D）ROUND 函数

13. 如果在工作簿中既有一般工作表又有图表，当执行"文件/保存文件"菜单命令时，将（　　　）。

　　（A）只保存其中的工作表

　　（B）只保存其中的图表

　　（C）把一般工作表和图表保存到一个文件中

　　（D）把一般工作表和图表分别保存到两个文件中

14. 用鼠标单击数据列表中的任一单元格，不一定适用于下列（　　　）操作。

　　（A）用"数据/排序"命令排序　　　　　（B）用升序或降序按钮排序

　　（C）合并单元格　　　　　　　　　　　（D）自定义自动筛选

15. 在 Excel 2003 中，下列（　　　）是正确的区域表示法。

　　（A）A1#B4　　　（B）A1..D4　　　　（C）A1:D4　　　　　（D）A1 > D4

16. 为了取消分类汇总的操作，必须（　　　）。

　　（A）执行"编辑/删除"命令　　　　　　　　　　　　　（B）按 Del 键

　　（C）在"分类汇总"对话框中单击"全部删除"按钮　　　（D）以上都不可以

17. 下面的 Excel 2003 单元地址中表示相对地址的是（　　　）。

　　（A）A5　　　　　（B）$A5　　　　　（C）$A$5　　　　　（D）B$5

18. 一个工作簿可以包含多个（　　　），这样可使一个文件中包含多种类型的相关信息。

　　（A）行　　　　　（B）列　　　　　　（C）表格　　　　　　（D）工作表

19. Excel 2003 函数 MIN（-5，0，"BBB"，10，28）的值是（　　　）。

　　（A）0　　　　　（B）BBB　　　　　（C）-5　　　　　　　（D）28

20. 在 Excel 2003 中，工作表与工作簿的关系是（　　　）。

　　（A）工作表即是工作簿　　　　　　　　（B）工作簿中可包含多张工作表

（C）工作表中包含多个工作簿　　　　（D）两者无关

21. 在 Excel 2003 单元格中输入数据，以下说法正确的是（　　　）。

（A）在一个单元格最多可输入 255 个非数字项的字符

（B）如输入数值型数据长度超过单元格宽度，Excel 会自动以科学计数法表示

（C）对于数字项，最多只能有 15 个数字位

（D）如输入文本型数据超过单元格宽度，Excel 出现错误提示

22. 在 Excel 2003 工作表当前活动单元格中输入公式时，首先输入一个（　　　），表示下面输入的内容是一个公式。

（A）单引号　　　　（B）句号　　　　（C）冒号　　　　（D）等号

23. 在 Excel 2003 工作表的某单元格内输入数字字符串"456"，正确的输入方式是（　　　）。

（A）456　　　　（B）=456　　　　（C）'456　　　　（D）="456"

24. 在 Excel 2003 工作表中，A1 单元格是公式 B2+D3，当公式被复制到 A2 单元，这时 A2 单元为公式（　　　）。

（A）B3+D4　　　　（B）C3+D4　　　　（C）B2+D3　　　　（D）C3+E4

25. 在 Excel 2003 工作表中，单元格区域 A2:B4 所包含的单元格个数是（　　　）。

（A）5　　　　（B）6　　　　（C）7　　　　（D）8

26. 在 Excel 2003 工作表中，日期型数据"2001 年 12 月 21 日"的正确输入形式是（　　　）。

（A）2001-12-21　　（B）21. 12. 2001　（C）21,12,2001　　　（D）20011221

27. 在 Excel 2003 工作表中，若已将 A1 单元格中的内容跨 5 列居中，要修改该跨列居中的内容，必须选定（　　　）。

（A）区域 A1:E1　　（B）单元格 E1　　（C）单元格 A1　　　（D）单元格 C1

28. 在 Excel 2003 工作表中，同时选择多个不相邻的工作表，可以在按住（　　　）键的同时，用鼠标左键依次单击各个工作表的标签。

（A）Ctrl　　　　（B）Alt　　　　（C）Shift　　　　（D）Tab

29. 在 Excel 2003 工作表中，选定某单元格，选择"编辑/删除"菜单命令，不可能完成的操作是（　　　）。

（A）删除该行　　　　　　　　（B）删除该列

（C）右侧的单元格左移　　　　（D）左侧的单元格右移

30. 在 Excel 2003 工作表中，在不同单元格中输入下面内容时，其中被 Excel 识别为字符型数据的是（　　　）。

（A）1999-2-3　　（B）$100　　　（C）34%　　　　（D）广州

31. 在 Excel 2003 工作簿中，活动单元格只能是（　　　）。

（A）一个　　　　（B）选中的一行　　（C）选中的一列　　　（D）选中的整个区域

32. 在 Excel 2003 工作簿中，有关移动和复制工作表的说法，正确的是（　　　）。

（A）工作表只能在所在工作簿内移动不能复制

（B）工作表只能在所在工作簿内复制不能移动

（C）工作表可以移动到其他工作簿内，不能复制到其他工作簿内

（D）工作表可以移动到其他工作簿内，也可复制到其他工作簿内

33. 在 Excel 2003 工作簿中，至少应含有的工作表个数是（　　　）。

（A）16　　　　（B）3　　　　（C）2　　　　（D）1

34. 在 Excel 2003 中，把当前活动单元格定位到 AZ1000，最快的方法是（　　　）。

（A）按住 Ctrl+方向键

（B）在名称框中输入 AZ1000，并按回车键

（C）先用 Ctrl+→键，移动到 AZ 列，再按 Ctrl+↓键移动到 1000 行

（D）拖动滚动条

35. 在 Excel 2003 工作表中，每个单元格用它所在的列标和行标来引用，如 A6 表示（　　　）。

（A）位于第 A 行第 6 列的单元格　　　　（B）位于第 A 列第 6 行的单元格

（C）位于第 2 行第 10 列的单元格　　　　（D）位于第 6 列第 10 行的单元格

36. Excel 2003 工作簿文件的扩展名是（　　　）。

（A）.DOX　　　（B）.TXT　　　　　　（C）.XLS　　　　　　（D）.XLT

37. 在 Excel 2003 中，选定 6、7、8 三行，执行"插入/行"命令后，插入了（　　　）。

（A）1 行　　　　（B）3 行　　　　　（C）2 行　　　　　　（D）6 行

38. 在 Excel 2003 中，选取整个工作表的方法是（　　　）。

（A）单击"编辑"菜单中的"全选"命令

（B）单击工作表左上角的"全选"按钮

（C）单击 A1 单元格，然后按住 Shift 键单击当前屏幕的右下角单元格

（D）单击 A1 单元格，然后按住 Ctrl 键单击工作表的右下角单元格

39. 在 Excel 2003 中，要在同一工作簿中把工作表 Sheet3 移动到 Sheet1 前面，应（　　　）。

（A）单击工作表 Sheet3 标签，并沿着标签行拖动到 Sheet1 前

（B）单击工作表 Sheet3 标签，并按住 Ctrl 键沿着标签行拖动到 Sheet1 前

（C）单击工作表 Sheet3 标签，并选择"编辑"菜单中的"复制"命令，然后单击工作表 Sheet1 标签，再选择"编辑"菜单中的"粘贴"命令

（D）单击工作表 Sheet3 标签，并选择"编辑"菜单中的"剪切"命令，然后单击工作表 Sheet1 标签，再选择"编辑"菜单中的"粘贴"命令

40. 在 Excel 2003 中，用来表示比较条件式逻辑"假"的结果是（　　　）。

（A）FALSE　　　（B）0　　　　　　（C）1　　　　　　　（D）NOT

41. 在 Excel 2003 中，有关数值显示和计算的下列描述中，不正确的是（　　　）。

（A）输入数据太长，会自动以科学计数法表示

（B）计算以输入数值而非显示数值为准

（C）显示什么数计算什么数

（D）Excel 数值存放精度为 15 位

42. 在 Excel 2003 中合并单元格后，所选定的范围当作（　　　）个单元格使用。

（A）1　　　　（B）2　　　　　　（C）3　　　　　　（D）不确定

43. 用绝对地址引用的单元在公式复制中目标公式会（　　　）。

（A）不变　　　（B）变化　　　（C）列地址变化　　　　（D）行地址变化

44. 在进行分类汇总时，要求按传统习惯排列汇总数据，一般首先进行（　　　）操作。

（A）进行自动筛选　　　　　　（B）进行条件区域确定

（C）进行数据整理　　　　　　（D）按分类进行排序

45. 在任何时候，工作表中（　　　）单元格是激活的（即当前单元格）。

（A）有两个　　（B）有且仅有一个　　（C）可以有一个以上　　（D）至少有一个

46. 在一个数据列表中，为了查看满足部分条件的数据内容，最有效的方法是（　　　　）。

（A）选中相应的单元格　　　　　　　（B）采用数据透视表工具

（C）采用数据筛选的工具　　　　　　（D）通过宏来实现

47. 直接在 Excel 2003 单元内修改单元数据的正确操作是（　　　）。

（A）单击要修改的单元格，然后在该单元中需要修改的地方单击鼠标，出现插入指针，用户可以在插入指针处对数据进行修改

（B）双击要修改的单元格，然后在该单元中需要修改的地方单击鼠标，出现插入指针，用户可以在插入指针处对数据进行修改

（C）单击要修改的单元格，然后在该单元中需要修改的地方双击鼠标右键，出现插入指针，用户可以在插入指针处对数据进行修改

（D）双击要修改的单元格，然后在该单元中需要修改的地方双击鼠标右键，出现插入指针，用户可以在插入指针处对数据进行修改

48. 在 Excel 2003 工作表中，单元格 A1、A2、B1、B2 的数据分别是 5、6、7、"AA"，函数 SUM（A1：B2）的值是（　　　）。

（A）5　　　　（B）#ERF　　　　（C）3　　　　　　　（D）18

49. 在 Excel 2003 工作表单元格中，输入下列表达式（　　　）是错误的。

（A）=（12−A1）/3　　　　　　（B）=A2/C1

（C）SUM（A2:A4）/2　　　　　（D）=A2+A3+D4

50. 在 Excel 2003 工作表中，正确表示 IF 函数的表达式是（　　　）。

（A）IF（"总分">280,"优秀","良好"）　　（B）IF（D2>280,优秀,良好）

（C）IF（E2>280,"优秀",良好）　　（D）IF（F2>280,"优秀","良好"）

第五节　PowerPoint 2003 演示文稿

1. 在 PowerPoint 2003 中，只有在（　　　）视图下，"超级链接"功能才起作用。

（A）幻灯片放映　　（B）幻灯片浏览　　（C）大纲　　　　　　　（D）普通

2. 在一张幻灯片中（　　　）。

（A）只能包含文字信息　　　　　　　（B）只能包含文字与图形信息

（C）只能包括文字、图形和声音　　　（D）可以包含文字、声音、图形和影片等

3. 在 PowerPoint 2003 中，关于在幻灯片中插入图表的说法中错误的是（　　　）。

（A）可以直接通过复制和粘贴的方式将图表插入到幻灯片中

（B）需先创建一个演示文稿或打开一个已有的演示文稿，再插入图表

（C）只能通过插入包含图表的新幻灯片来插入图表

（D）双击图表占位符可以插入图表

4. 在 PowerPoint 2003 中，下列说法错误的是（　　　）。

（A）允许插入在其他图形程序中创建的图片

（B）为了将某种格式的图片插入到 PowerPoin 中，必须安装相应的图形过滤器

（C）选择"插入"菜单中的"图片"命令，再选择"来自文件"

（D）在插入图片前，不能预览图片

5. 在 PowerPoint 2003 中，下列说法错误的是（　　）。

（A）可以利用自动版式建立带剪贴画的幻灯片，用来插入剪贴画

（B）可以向已存在的幻灯片中插入剪贴画

（C）可以修改剪贴画

（D）不可以为图片重新上色

6. 在 PowerPoint 2003 中，有关创建表格的说法中，错误的是（　　）。

（A）在幻灯片中直接画表格

（B）创建表格是从菜单栏的"插入"菜单开始的

（C）插入表格时要指明插入的行数和列数

（D）以上说法都不对

7. 在 PowerPoint 2003 中，有关修改图片，下列说法错误的是（　　）。

（A）裁剪图片是指保存图片的大小不变，而将不希望显示的部分隐藏起来

（B）当需要重新显示被隐藏的部分时，还可以通过"裁剪"工具进行恢复

（C）如果要裁剪图片，单击选定图片，再单击"图片"工具栏中的"裁剪"按钮

（D）按住鼠标右键向图片内部拖动时，可以隐藏图片的部分区域

8. PowerPoint 2003 中的版式指的是（　　）。

（A）幻灯片的背景方案　　　　　　　（B）幻灯片中所含对象的组成方案

（C）幻灯片的动画效果　　　　　　　（D）幻灯片间的切换效果

9. 从幻灯片的放映状态切换回编辑状态，应使用（　　）键。

（A）F5　　　　　　（B）Esc　　　　　　（C）Ctrl+Alt　　　　　　（D）Tab

10. 如果要从第三张幻灯片跳转到第八张幻灯片，应通过幻灯片的（　　）来实现。

（A）超级链接　　（B）预设动画　　（C）幻灯片切换　　（D）自定义动画

11. 以下选项中，（　　）可以结束幻灯片的放映。

（A）选择"结束/放映"菜单命令

（B）按回车键

（C）选择"文件/结束"菜单命令

（D）单击鼠标右键，从弹出的快捷菜单中选择"结束放映"命令

12. 若要超级链接到其他文档，（　　）是不正确的。

（A）选择"插入/超级链接"菜单命令

（B）单击"常用"工具栏的"超级链接"按钮

（C）选择"幻灯片放映/动作按钮"菜单命令

（D）选择"插入/幻灯片（从文件）"菜单命令

13. 使用（　　）下拉菜单中的"背景"命令改变幻灯片的背景。

（A）格式　　　　　（B）幻灯片放映　　　　（C）视图　　　　　　　（D）编辑

14. 下列（　　）选项不能实现以幻灯片为移动单位的幻灯片移动操作。

（A）用鼠标在大纲视图区直接拖动幻灯片到需要的位置

（B）选中幻灯片，单击大纲工具栏中的"上移"或"下移"图标至需要位置

（C）在幻灯片视图中，剪切选定幻灯片，至需要位置，粘贴幻灯片

（D）在幻灯片浏览视图中直接拖动幻灯片到需要的位置

15. 新建一个演示文稿时第一张幻灯片的默认版式是（　　）。

（A）项目清单　　　（B）空白　　　　　　　（C）只有标题　　　　　（D）标题幻灯片

16. 选出下列在 PowerPoint 2003 中，插入图片操作叙述中有错的一项（　　　）。

　　（A）在幻灯片视图中，首先显示要插入图片的幻灯片

　　（B）在 PowerPoint 中，插入图片操作也可以从菜单栏中的"插入"菜单开始

　　（C）插入图片的路径可以是本地也可以是网络驱动器

　　（D）以上说法全不正确

17. 在演示文稿中，可以插入（　　　）。

　　（A）声音　　　　　（B）图片　　　　　　　（C）图像　　　　　　（D）以上都对

18. 在 PowerPoint 2003 中，可以在（　　　）中改变幻灯片的顺序。

　　（A）幻灯片普通视图　　　　　　　　　　　（B）幻灯片大纲视图

　　（C）幻灯片浏览视图　　　　　　　　　　　（D）幻灯片备注页

19. 要停止正在放映的幻灯片，只要使用键盘命令（　　　）即可。

　　（A）Ctrl+X　　　　（B）Ctrl+Q　　　　　　（C）Esc　　　　　　（D）Alt

20. 要在幻灯片上显示幻灯片编号，必须（　　　）。

　　（A）选择"插入/页码"菜单命令　　　　　（B）选择"文件/页面设置"菜单命令

　　（C）选择"视图/页眉和页脚"菜单命令　　（D）以上都不行

21. 一份演示文稿就是一个 PowerPoint 2003 文件，其扩展名为（　　　）。

　　（A）.txt　　　　　（B）.doc　　　　　　　（C）.ppt　　　　　　（D）.xls

22. 以下说法不正确的是（　　　）。

　　（A）幻灯片中的对象可以有不同的动画效果

　　（B）幻灯片的播放可从任意一张开始

　　（C）幻灯片间的切换效果一定是针对整个演示文稿有效的

　　（D）幻灯片的播放可按排练计时的时间进行

23. 在（　　　）视图中不能对幻灯片中的内容进行编辑。

　　（A）大纲　　　　　（B）幻灯片　　　　　　（C）幻灯片放映　　　（D）备注页

24. 在（　　　）视图中可以对幻灯片进行移动、复制操作。

　　（A）幻灯片　　　　（B）幻灯片浏览　　　　（C）备注页　　　　　（D）幻灯片放映

25. 在 PowerPoint 2003 的幻灯片浏览视图下，不能完成的操作是（　　　）。

　　（A）调整个别幻灯片位置　　　　　　　　　（B）删除个别幻灯片

　　（C）编辑个别幻灯片内容　　　　　　　　　（D）复制个别幻灯片

26. 要实现从一个幻灯片自动进入到下一个幻灯片，应使用幻灯片的（　　　）设置。

　　（A）动作　　　　　（B）预设动画　　　　　（C）幻灯片切换　　　（D）自定义动画

27. 在 PowerPoint 2003 中，"格式"菜单中的（　　　）命令可以用来改变某一幻灯片的布局。

　　（A）"背景"　　　　　　　　　　　　　　　（B）"幻灯片版式"

　　（C）"幻灯片设计"　　　　　　　　　　　　（D）"字体"

28. 在 PowerPoint 2003 中，不可以在（　　　）视图中改变幻灯片的顺序。

　　（A）幻灯片普通视图　　　　　　　　　　　（B）幻灯片大纲视图

　　（C）幻灯片浏览视图　　　　　　　　　　　（D）幻灯片备注页

29. 在空白幻灯片中不可以直接插入（　　　）。

　　（A）文本框　　　　（B）文字　　　　　　　（C）艺术字　　　　　（D）Word 表格

30. 在 PowerPoint 2003 中，设置幻灯片放映时的换页效果为"垂直百叶窗"，应使用"幻灯片放映"菜单下的选项是（　　　）。

　（A）动作按钮　　　　（B）幻灯片切换　　　　（C）预设动画　　　　（D）自定义动画

31. 在 PowerPoint 2003 中，有关母版标题样式的描述不正确的选项是（　　　）。

　（A）母版标题样式可以在幻灯片编辑时修改

　（B）母版标题样式可进入幻灯片母版重新设置

　（C）母版标题样式不能在幻灯片编辑时修改

　（D）设置好的母版标题样式将成为幻灯片的默认标题样式

32. 在当前演示文稿中不能新增一张幻灯片的命令是（　　　）。

　（A）选择"文件/新建"菜单命令

　（B）选择"编辑/复制"和"编辑/粘贴"菜单命令

　（C）选择"插入/新幻灯片"命令

　（D）选择"插入/幻灯片（从文件）"菜单命令

33. 在幻灯片放映中，要回到上一张幻灯片，错误的操作是（　　　）。

　（A）按 P 键　　　　（B）按 PageUp 键　　　（C）按 BackSpace 键　　　（D）按空格键

34. 在幻灯片浏览视图下，不能完成的操作是（　　　）。

　（A）复制幻灯片　　　　　　　　　　（B）移动幻灯片

　（C）删除幻灯片　　　　　　　　　　（D）修改幻灯片内容

35. 在建立 PowerPoint 2003 文稿时，下列说法错误的是（　　　）。

　（A）可以从 Word 文档中复制文字到 PowerPoint 文稿中

　（B）可以从 Word 文档中复制表格到 PowerPoint 文稿中

　（C）可以从 Excel 中复制表格到 PowerPoint 文稿中

　（D）以上都不对

第六节　网　络　基　础

1. C/S 体系结构的 S 指的是（　　　）。

　（A）具有特殊结构的计算机——服务器　　（B）提供其他软件请求服务的软件

　（C）一般计算机　　　　　　　　　　　　（D）操作人员

2. Internet 的工作方式是（　　　）。

　（A）端端对等式　　　　　　　　　　（B）客户/服务器方式

　（C）终端方式　　　　　　　　　　　（D）嵌入式

3. WWW 中的超文本是指（　　　）。

　（A）包含图片的文档　　　　　　　　（B）包含链接的对象

　（C）包含多种文本的文档　　　　　　（D）包含动画的对象

4. 不同计算机或网络之间通信，必须（　　　）。

　（A）安装相同的操作系统　　　　　　（B）使用有线介质

　（C）使用相同的协议　　　　　　　　（D）使用相同的连网设备

5. 构建局域网时，通常使用的 Hub 是指（　　　）。

（A）网卡　　　　　　（B）交换机　　　　　（C）集线器　　　　　（D）路由器

6. 以下关于网络的说法，错误的是（　　　）。

（A）网络是由不同的计算机通过通信设备与传输媒体连接而成

（B）网络的功能体现在信息交换、资源共享和分布式处理

（C）网络中可以没有服务器

（D）OSI 参考模型把网络通信功能分成七层表示

7. 计算机网络按其覆盖的范围，可划分为（　　　）。

（A）以太网和移动通信网　　　　　　（B）星型结构、环型结构和总线结构

（C）电路交换网和分组交换网　　　　（D）局域网、城域网和广域网

8. 计算机网络的目的是（　　　）。

（A）网上计算机之间通信　　　　　　（B）计算机之间互通信息并连上 Internet

（C）广域网与局域网连接　　　　　　（D）计算机之间硬件和软件资源的共享

9. 在计算机网络中，通常把提供并管理共享资源的计算机称为（　　　）。

（A）服务器　　　　（B）工作站　　　　（C）网关　　　　（D）网桥

10. 计算机网络最大的优越性体现在（　　　）。

（A）内存空间增大（B）机器数目增多　（C）运算速度快　　　（D）共享资源

11. 开放系统互连（OSI）模型描述（　　　）层协议网络体系结构。

（A）四　　　　　（B）五　　　　　（C）六　　　　　（D）七

12. 目前，信息技术领域正在实现"三网融合"，"三网"具体是指（　　　）。

（A）局域网、广域网、城域网　　　　（B）电信网、电话网、广播网

（C）有线电视网、计算机网、电信网　　（D）3G 网、CDNA 网、广域网

13. 网络适配器是指（　　　）。

（A）交换机　　　　（B）集线器　　　　（C）路由器　　　　（D）网卡

14. 下列（　　　）不是计算机网络中数据采用的交换技术。

（A）电路交换　　　（B）报文交换　　　（C）袋交换　　　　（D）包交换

15. 下列（　　　）不是网络的无线传输介质。

（A）无线电波　　　（B）红外线　　　　（C）激光　　　　　（D）光纤

16. Internet 起源于（　　　）。

（A）美国　　　　　（B）英国　　　　　（C）德国　　　　　（D）中国

17. 在 OSI 参考模型中，实际传输信息流的是（　　　）。

（A）网络层　　　　（B）链路层　　　　（C）传输层　　　　（D）物理层

18. 在对等网中，下列说法正确的是（　　　）。

（A）每台计算机既是服务器又是工作站　（B）网络中不要服务器

（C）网络中没有服务器　　　　　　　　（D）以上均为错误

19. 在计算机网络中，为了使计算机或终端之间能够正确传送信息，必须按照（　　　）来相互通信。

（A）信息交换方式（B）网卡　　　　　（C）传输装置　　　　（D）网络协议

20. 要登录到远程计算机上，可使用（　　　）命令。

（A）FTP　　　　　（B）HTTP　　　　　（C）Telnet　　　　　（D）News

21. BBS 是（　　）的缩写。

    （A）网页   （B）邮件   （C）电子公告栏   （D）文件传输

22. B 类 IP 地址的掩码一般为（　　）。

    （A）255.255.255.0 （B）255.0.0.0   （C）255.255.0.0   （D）0.255.255.255

23. FTP 是（　　）协议。

    （A）文件传输   （B）电子邮件   （C）超文本   （D）远端控制

24. HTTP 是指（　　）。

    （A）文件传输协议   （B）超文本传输协议

    （C）Internet 服务供应商   （D）Internet 连接协议

25. Internet 实现了分布在世界各地的各类网络的互连，其最基础和核心的协议是（　　）。

    （A）TCP/IP   （B）FTP   （C）HTML   （D）HTTP

26. IP 地址 79.120.20.1 是（　　）。

    （A）A 类地址   （B）B 类地址   （C）C 类地址   （D）D 类地址

27. 因特网中 IP 地址是由（　　）表示。

    （A）4 组十进制码   （B）4 组英文字符串

    （C）4 组二进制码   （D）4 组不同含义的数字、字符

28. 不属于顶级域名的是（　　）。

    （A）COM   （B）CNI   （C）EDU   （D）NET

29. 从远程主机上拷贝文字、图片等信息或者软件到本地硬盘上叫作（　　）。

    （A）上载   （B）超载   （C）下载   （D）卸载

30. 当浏览器标题栏显示"脱机工作"时，则表示（　　）。

    （A）计算机没有开机   （B）计算机没有连接互联网

    （C）浏览器只搜寻本机资源   （D）以上均不对

31. 电子邮件使用的传输协议是（　　）。

    （A）SMTP   （B）Telnet   （C）HTTP   （D）FTP

32. 电子邮件中的附件（　　）。

    （A）可以是保存在软盘、硬盘、光盘上的任何文件

    （B）不能是声音文件

    （C）只能是文本文件

    （D）可以是保存在硬盘上的任何文件

33. 根据域名代码规定，域名为 katong.com.cn 表示的网站类别应是（　　）。

    （A）教育机构   （B）军事部门   （C）商业组织   （D）国际组织

34. 关于万维网，以下说法不正确的是（　　）。

    （A）万维网是 WWW 的中文简称   （B）万维网就是 Internet

    （C）万维网是因特网的一部分   （D）浏览万维网是当今最主要的 Internet 服务

35. 若某主机的网址为 210.100.20.10，则其子网掩码可能为（　　）。

    （A）255.255.255.0 （B）255.255.0.0   （C）255.0.0.0   （D）0.0.0.0

36. 填写一个新电子邮件时，"主题"一栏（　　）。

    （A）是电子邮件内容的标题   （B）即电子邮件的窗帘

    （C）必须填写，不可缺省   （D）必须按固定格式填写

37. 网际快车 Flashget 可用来（　　　　）。

　　（A）浏览网页　　　（B）下载文件　　　　　（C）传送信息　　　　（D）上传文件

38. 网上传输图像文件的常用格式为（　　　　）。

　　（A）JPG　　　　　（B）WMF　　　　　　　（C）BMP　　　　　　（D）PCX

39. 下面（　　　）是 B 类地址。

　　（A）67.23.15.4　　（B）136.210.12.4　　（C）198.160.180.3　　（D）210.35.26.33

40. 写电子邮件时，对电子邮件内容（　　　　）。

　　（A）可进行编辑和设置　　　　　　　　　（B）只可进行编辑

　　（C）不能进行编辑和设置　　　　　　　　（D）只可进行设置

41. 一般在因特网中域名依次表示的含义是（　　　　）。

　　（A）用户名，主机名，机构名，最高层域名　（B）用户名，单位名，机构名，最高层域名

　　（C）主机名，网络名，机构名，最高层域名　（D）网络名，主机名，机构名，最高层域名

42. 已知用户名为 yh，而开户的邮件服务器名为 public.cs.hn.cn，在 Internet 中相应的 E-mail 地址为（　　　　）。

　　（A）yh@public.cs.hn.cn　　　　　　　　（B）@yh.public.cs.hn.cn

　　（C）yh.public.cs.hn.cn　　　　　　　　　（D）public.cs.hn.cn@yh

43. 用户名与邮件服务器地址的分隔符是（　　　　）。

　　（A）//　　　　　　（B）%　　　　　　　　（C）@　　　　　　　　（D）#

44. 邮件 "yyy@hainan.org.cn" 的用户名是（　　　　）。

　　（A）yyy　　　　　（B）hainan　　　　　　（C）org　　　　　　　（D）cn

45. 域名应与 IP 地址一一对应，以下用以实现这种对应关系的是（　　　　）。

　　（A）TCP　　　　　（B）TCP/IP　　　　　　（C）PING　　　　　　（D）DNS

46. 在 URL 中，域值 file 表示（　　　　）。

　　（A）本地磁盘文件　　　　　　　　　　　（B）WWW 服务器文件

　　（C）登录其他计算机　　　　　　　　　　（D）新闻组

47. （　　　）用来浏览整个网络上的共享资源。

　　（A）回收站　　　　（B）网上邻居　　　　　（C）我的文档　　　　（D）Internet 浏览器

48. HTTP 是一种（　　　　）协议。

　　（A）TCP/IP　　　　（B）IP　　　　　　　　（C）域名　　　　　　（D）超文本传输

49. Hub 是（　　　　）。

　　（A）网卡　　　　　（B）交换机　　　　　　（C）集线器　　　　　（D）路由器

50. Internet 是（　　　　）。

　　（A）局域网　　　　（B）远程网　　　　　　（C）广域网　　　　　（D）NT 网

51. WAN 和 LAN 是两种计算机网络的分类，前者（　　　　）。

　　（A）可以涉及一个城市、一个国家甚至全世界

　　（B）只限于十几公里内，以一个单位或一个部门为限

　　（C）不能实现大范围内的数据资源共享

　　（D）只能在一个单位内管理几十台到几百台计算机

52. Web 上每一个页都有一个独立的地址，这些地址称作统一资源定位器，即（　　　　）。

　　（A）URL　　　　　（B）WWW　　　　（C）HTTP　　　　（D）USL

53. 分布在一座大楼或一个集中建筑群中的网络可称为（ ）。
　（A）局域网 　　　（B）专用网 　　　（C）公用网 　　　（D）广域网

54. 计算机网络最突出的优点是（ ）。
　（A）共享资源 　　　（B）内存容量大 　　　（C）运算速度快 　　　（D）精确度高

55. 局域网的英文缩写为（ ）。
　（A）LAN 　　　（B）WAN 　　　（C）ISDN 　　　（D）NCFC

56. 下面正确的 IP 地址为（ ）。
　（A）127.20.AB.30 　（B）127.20.31 　　（C）127.20.1.30 　　（D）AB.20.31

57. 以下 4 种答案中，（ ）是属于计算机网络的主要组成部分之一。
　（A）声卡 　　　（B）网络适配器 　　　（C）图形卡 　　　（D）电影卡

58. 因特网中 DNS 的含义是（ ）。
　（A）域名管理 　　（B）数据网络管理 　　（C）服务管理 　　（D）邮件管理

59. 计算机网络最基本的功能是（ ）。
　（A）资源共享 　　（B）打印文件 　　　（C）降低成本 　　　（D）文件调用

60. （ ）属于网络拓扑结构。
　（A）星型结构 　　（B）环型结构 　　　（C）总线结构 　　　（D）以上都是

61. （ ）是实现数字信号和模拟信号转换的设备。
　（A）网卡 　　　（B）调制解调器 　　　（C）网络线 　　　（D）都不是

62. （ ）用于实现不同操作系统网络的互连。
　（A）中继器 　　　（B）网桥 　　　（C）路由器 　　　（D）网关

63. 20 世纪 90 年代以前，Internet 的信息服务不包括（ ）。
　（A）WWW 　　　（B）电子邮件 　　　（C）新闻组 　　　（D）远程登录

64. Internet 采用（ ）协议。
　（A）NetBEUI 　　（B）IPX 　　　（C）SPX 　　　（D）TCP/IP

65. 我们通常使用的 IP 地址是由（ ）位二进制位组成。
　（A）8 　　　　（B）16 　　　（C）20 　　　（D）32

66. Internet 是计算机和通信两大现代技术相结合的产物，它的核心是（ ）。
　（A）TCP/IP 　　　（B）UDP 　　　（C）拓扑结构 　　　（D）网络操作系统

67. IE 6.0 是一个（ ）。
　（A）操作系统平台 　（B）浏览器 　　　（C）管理软件 　　　（D）翻译器

68. Outlook 是一个强大的（ ）。
　（A）浏览器 　　　（B）操作系统 　　（C）电子邮件软件 　　（D）程序设计软件

第七节　网页设计与制作

1. Dreamweaver 是（ ）软件
　（A）文字处理 　　（B）电子表格 　　　（C）网页制作 　　　（D）图像编辑

2. 在 Dreamweaver 中，下面选项不是文字属性的是（ ）。
　（A）标题 　　　（B）字体 　　　（C）大小 　　　（D）颜色

3. CSS 表示（　　）。

（A）层　　　　　　　（B）行为　　　　　　（C）样式表　　　　　　（D）时间线

4. 在 Dreamweaver 中，能够设置成口令域的是（　　）。

（A）只有单行文本域　　　　　　　　（B）只有多行文本域

（C）单行、多行文本域　　　　　　　　（D）多行"Textarea"标识

5. Dreamweaver 打开 HTML 面板的快捷操作是（　　）。

（A）F7　　　　　　（B）F8　　　　　　（C）F9　　　　　　（D）F10

6. 时间线只能应用于什么的对象（　　）。

（A）分割　　　　　（B）分离　　　　　（C）分开　　　　　（D）分层

7. 网页制作的超文本标记语言称为（　　）。

（A）VB 语言　　　　（B）HTML　　　　（C）BASIC 语言　　　（D）ASCII

8. Dreamweaver 的窗口（Window）菜单中，Layers 表示（　　）。

（A）显示时间链面板　　　　　　　（B）显示 HTML 面板

（C）打开层面板　　　　　　　　　（D）打开帧面板

9. 超文本文件与其他文件最大的区别在于（　　）。

（A）超文本文件中可以含有图像　　　（B）超文本文件中可以含有表格

（C）超文本文件中含有超链接　　　　（D）超文本文件中的文字可以是不同字体

10. 在 Dreamweaver 中，可利用表单与浏览者进行交流，在设计中想要了解浏览者的个人爱好，如音乐、美术、文学、计算机等，通常采用（　　）。

（A）复选框　　　　（B）单选按钮　　　　（C）文本框　　　　（D）按钮

11. 网页中可使我们进行选择性浏览的称为（　　）。

（A）文字　　　　　（B）图片　　　　　（C）声音　　　　　（D）链接

12. 在网页制作中，经常用下列（　　）办法进行页面布局。

（A）文字　　　　　（B）表格　　　　　（C）表单　　　　　（D）图片

13. 在网页制作中，欲输入访问者来自何方，可用（　　）表单项。

（A）单选框　　　　（B）复选框　　　　（C）下拉式列表框　　　（D）按钮

14. Dreamweaver 8 是由（　　）公司发布的。

（A）Microsoft　　　（B）Sun　　　　　（C）Macromedia　　　（D）IBM

15. 以下 HTML 的标记符号中没有结束标记符的是（　　）。

（A）<BODY>文档体　　　　　　（B）
换行标记符

（C）<B>字符格式标记符　　　　（D）<I>字符格式标记符

第一节 基 础 知 识

1. A	2. C	3. B	4. B	5. A	6. D	7. B	8. A	9. A	10. B
11. A	12. A	13. B	14. C	15. A	16. B	17. D	18. C	19. A	20. B
21. A	22. B	23. A	24. C	25. B	26. D	27. D	28. B	29. B	30. A
31. A	32. B	33. C	34. D	35. B	36. B	37. D	38. D	39. B	40. C
41. A	42. D	43. C	44. B	45. C	46. D	47. C	48. B	49. D	50. B
51. B	52. D	53. D	54. B	55. D	56. A	57. A	58. A	59. B	60. D
61. B	62. A	63. B	64. D	65. C	66. D	67. C	68. B	69. A	70. A
71. D	72. D	73. C	74. B	75. A	76. B	77. C	78. C	79. C	80. B
81. C	82. A	83. A	84. D	85. A	86. C	87. D	88. A	89. D	90. B
91. B	92. B	93. D	94. B	95. D	96. D	97. C	98. D	99. B	100. D
101. D	102. D	103. D							

第二节 操 作 系 统

1. A	2. C	3. B	4. C	5. D	6. A	7. C	8. C	9. D	10. C
11. C	12. A	13. C	14. C	15. B	16. A	17. B	18. C	19. C	20. B
21. D	22. D	23. A	24. C	25. B	26. B	27. C	28. C	29. D	30. D
31. B	32. A	33. A	34. D	35. C	36. B	37. D	38. A	39. B	40. D
41. A	42. D	43. C	44. B	45. A	46. D	47. B	48. B	49. C	50. D
51. C	52. A	53. A	54. A	55. A	56. B	57. C	58. A	59. B	60. B
61. A	62. D	63. B	64. D						

第三节 Word 文字处理

1. C	2. B	3. C	4. A	5. B	6. C	7. B	8. C	9. D	10. C
11. D	12. D	13. B	14. C	15. C	16. A	17. C	18. A	19. B	20. A
21. A	22. A	23. A	24. D	25. A	26. D	27. B	28. C	29. D	30. B
31. B	32. A	33. B	34. A	35. B	36. C	37. D	38. B	39. B	40. D
41. A	42. A	43. D	44. C	45. B					

第四节　Excel 电子表格

1. D　　2. D　　3. B　　4. C　　5. D　　6. D　　7. A　　8. B　　9. C　　10. D
11. C　　12. C　　13. C　　14. C　　15. C　　16. C　　17. A　　18. D　　19. C　　20. B
21. B　　22. D　　23. C　　24. A　　25. B　　26. A　　27. C　　28. A　　29. D　　30. D
31. A　　32. D　　33. D　　34. B　　35. B　　36. C　　37. B　　38. B　　39. A　　40. A
41. C　　42. A　　43. A　　44. D　　45. B　　46. C　　47. B　　48. D　　49. C　　50. D

第五节　PowerPoint 演示文稿

1. A　　2. D　　3. C　　4. D　　5. D　　6. D　　7. D　　8. B　　9. B　　10. A
11. D　　12. D　　13. A　　14. B　　15. D　　16. D　　17. D　　18. C　　19. C　　20. C
21. C　　22. C　　23. C　　24. B　　25. C　　26. C　　27. B　　28. D　　29. B　　30. B
31. C　　32. A　　33. D　　34. D　　35. D

第六节　网 络 基 础

1. A　　2. B　　3. B　　4. C　　5. C　　6. C　　7. D　　8. D　　9. A　　10. D
11. D　　12. C　　13. D　　14. C　　15. D　　16. A　　17. D　　18. A　　19. D　　20. C
21. C　　22. C　　23. A　　24. B　　25. A　　26. A　　27. A　　28. B　　29. C　　30. C
31. A　　32. A　　33. C　　34. B　　35. A　　36. A　　37. B　　38. A　　39. B　　40. A
41. C　　42. A　　43. C　　44. A　　45. D　　46. A　　47. B　　48. D　　49. C　　50. C
51. A　　52. A　　53. A　　54. A　　55. A　　56. C　　57. B　　58. A　　59. A　　60. D
61. B　　62. D　　63. B　　64. D　　65. D　　66. A　　67. B　　68. C

第七节　网页设计与制作

1. C　　2. A　　3. C　　4. A　　5. D　　6. D　　7. B　　8. C　　9. C　　10. A
11. D　　12. B　　13. C　　14. C　　15. B